【飛行員的故事】—系列六

飛行線上

十二位空軍飛官的驚險故事

航太、軍史專家
王立楨——著

TO HELL AND BACK

目錄

承先啟後，薪火相傳——向翱翔天空的勇者致敬

我所認識的王立楨先生，是一位將畢生熱情奉獻給天空的人，他與生俱來地熱愛中華民國空軍。閱讀他所撰寫的《飛行線上》，文章內容描繪十分傳神，仿佛一部時光機器，讓我暫時告別了空軍司令身分，拋開經緯萬端的軍務穿梭時空回到我的飛行時期，就像身處駕駛艙，手裡握著操縱桿，經歷著黑蝙蝠中隊李崇善老師夜闖神州，遭敵監偵追擊的驚險瞬間；見證我國飛行員林君儒擊敗美軍 Top Gun 教官的光榮時刻，並切身感受張光熙、張甲、李文玉、黃晞晟等老師們，在狂風暴雨、漆黑深夜、晴空雷擊等惡劣環境下，無懼艱險地執行船艦搜尋、夜間攔截、飛彈測試與護衛船艦等任務。同時體

會李鉅滔、殷長明、潘斗台、王迺斌、陳卿海、許家寅等老師們，在作戰訓練期間，遭受敵人伏擊機械故障、發動機失效或作戰意外等緊急情況，為了提升個人戰技，具備保家衛國能力而以身犯險。活下來的前輩們，能與我們分享驚心動魄的情節，但英勇殉職的烈士與無名英雄，則把個人生命化為國家大愛，用最偉大的犧牲，換取臺海和平的穩定現狀。

王立楨先生運用洗鍊的妙筆，細膩生動地描寫飛行員千頭萬緒的內心思維，使事件全貌歷歷在目，令人讀後心中激盪不已，彷彿置身當中，經歷作戰、訓練、機械故障、惡劣天氣等相同處境，也重新回顧自己日以繼夜捍衛空防的各個時刻。他們總是選擇義無反顧地默默付出，為了保障國家、民眾、僚機與裝備安全，極力做出貢獻，對於任務及袍澤的珍視程度，卻往往超過自己生命和家庭的全部重量。

故事中刻畫的人物有空軍烈士、英雄、前輩或同仁，每一篇文是他們深藏內心的記憶。王立楨先生將先烈先賢可歌的故事，化為永恒不朽的篇章，讓民眾知道這群翺翔藍天的軍人，過去曾為國家所做貢獻，大家讀完《飛行線上》，如果覺得意猶未盡，可以往前閱讀《飛行員的故事》第一至第五集。

有人說：「金門與馬祖是前線戰地」，事實上，我認為身處警戒室的飛行員們，早已投身真正的戰場，時時刻刻守護著國家安全。而台灣能享有當前的繁榮穩定，中華民國飛行員實在功不可沒。

王立楨先生孜孜不倦地搜羅記錄著空軍袍澤的真實故事，讓飛行員子女明白父親的偉大，讓烈士的雙親與妻子獲得心靈上的寬慰，也提供機會讓曾經同生共死的飛行軍官，一起重溫當年患難與共的回憶，更使全體國人能知道，我們現在享受的民生自由與和平生活，是無數空軍英雄不惜以青春、熱血甚至生命的代價所換來的成果。

為了支持空軍，王立楨先生曾於民國一〇六年秋季，發起「向烈士敬獻國旗活動」，並在現場介紹烈士生平事蹟。自那之後，每年逢春（秋）祭，空軍碧潭公墓總是國旗飄揚，王立楨先生更是運用他在海外的影響力與號召力，在美國各航空博物館等地，積極向美方主流人士宣揚黑貓與黑蝙蝠中隊的英勇事蹟，緬懷回顧華美合作禦敵的堅固邦誼，亦主動率僑界友人親赴美國德州布里斯堡墓園（Fort Bliss National Cemetery），祭拜五十二位埋骨異鄉、壯志未酬的空軍烈士，並逐一獻上中華民國國旗、美國國旗與鮮花，表達無上追思與敬意，其愛國義舉令人感動，值得官兵學習。

感謝王立楨先生傾力記述空軍珍貴歷史，出書肯定我國空軍對民主自由和國家安全的貢獻，衷心希望每位官兵謹記先烈先賢犧牲奉獻的精神，還有歷史帶給我們的啟示與意義，並勗勉空軍袍澤踵武前賢，傳承忠勇軍風，認清當前安全威脅，努力扛起時代賦予的使命，承擔空軍在歷史洪流中所建立的非凡價值。

中華民國空軍司令

劉任遠

作者序

我在洛克希德・馬丁公司（Lockheed Martin）工作三十年，在這期間曾交了許多朋友，其中印象較深的是一位越南裔的華人同事——黎玉禮。因為他的名字與前海軍總司令黎玉璽將軍僅有一字之差，所以我一開始以為他與黎將軍是一家人。後來才知道那純粹是巧合，他們家祖籍是廣西，世居越南已經五代，與祖籍是四川的黎將軍家族沒有任何關係。

我與這位越南裔的同事會走得比較近，除了都是來自亞洲之外，其實也與中華民國空軍有著相當的關係。因為當他第一次進到我辦公室，看到牆上掛著雷虎九機「炸彈開花」的相片時，竟然非常興奮地說出「雷虎小組」。

原來雷虎小組在一九六一年去越南表演時，他曾在自家的頂樓觀看，並印象深刻，這不僅是因為雷虎的精彩表演，更因為那些雷虎隊員都是來自「祖國」的空軍軍官！

這位五代世居越南，而且從未去過台灣或大陸的華僑，沒有「西瓜偎大邊」的心態，忽視在神州大陸的中共政權，而將一個小島上的政權奉為正朔，這實在是使我相當訝異的事。

然而，更讓我感到震驚的是一九八四年，他在知道我要回台灣過年時對我說的一句話，他說：「我很羨慕你能買張機票就可以回家。」我當時覺得奇怪，買機票回家這麼普通及簡單的事，有什麼好羨慕？後來我才了解，原來那時距南越陷共還不滿十年，越南尚未改革開放。因此主政當局對那些前南越的子民還是延續了之前越戰時的思維，認為那些人是「非我族類」，對那些人的入境審核非常嚴格。而那些人也不願在這種情況下回家，所以他就會對我可以隨時回家的行為感到羨慕。

想家時就可以回家不是一個人的基本權利嗎？但是一九七五年北越南侵，南越的軍人沒能成功捍衛國土，使成千上萬的人拋棄家園、流浪國外，成了有家歸不得的浪人。黎玉禮的際遇讓我頓然覺悟，買張機票就可以回家的事，竟然是一項我一直在享受，卻從未感恩過的恩典。

在我成長的過程中，對岸始終沒有放棄「解放台灣」的企圖，但我卻始終沒有感受到那種潛在的危機。因為我們生活環境是和平與安定的，沒有空襲警報，更沒有共軍壓境的壓迫感。年幼的我，認為這一切都是理所當然，從未想過和平是要付出代價的。

二十餘年前，前參謀總長陳燊齡將軍曾以我們在用餐時，揮手趕蒼蠅的例子來說明軍人如何捍衛國家。這個簡單的比喻，讓我立刻了解到我們自以為生活在一個沒有戰爭威脅的承平時代，卻不知道有一雙始終在護衛著我們的雙手。

自從二〇〇五年我出版了《飛行員的故事》第一集之後，這本書是這一系列書籍的第六集，在這六本書裡我述說了七十餘位飛行員的故事。這些故事中包括了有些人在空戰中創下了輝煌戰果，當然也有些人在與敵機纏鬥中喪失了寶貴的生命。還有些故事是述說在極端惡劣的情況下，達成任務的經過。更有些是描述平時訓練的過程中，飛機發生故障，飛行員們用機智與高超的技術，化險為夷地將故障的飛機帶回來的故事。這些精彩故事固然引人入勝，但有多少人瞭解到它們的背後卻是我們能安全度日的主因？

走筆至此，突然接到洛杉磯方面傳來的消息，毛節盛教官於美國時間二〇二二年十二月三十一日在洛杉磯去世。他以F－47螺旋槳式飛機在海峽上空與中共的米格十五纏鬥並將其擊傷的故事，曾在《飛行員的故事》第二集中發表。其實他除了那次戰績之外，也曾在八二三砲戰期間擊落過一架米格十七。在五零、六零年代是空軍中指標性的英雄人物。我很慶幸自己能有機會走訪這位英雄，並將他的故事記載下來，使後人知道在風雨飄搖的年代裡，這位英雄人物是如何用劣勢的武器，保衛了你我。

這本書中有一篇是描述一架前蘇聯電戰型轟炸機（Tu－95）在夜間惡劣氣候下，接近我國領空時，被許大木少校與張甲上尉兩人攔截的故事。雖然那架Tu－95後來宣稱是因惡劣氣候而偏航，但那兩位飛行軍官犧牲了自己的睡眠，在強風暴雨的夜間出動，為的是讓所有國人都能安心的睡覺。

另一篇故事是述說在一次模擬空戰中，李以寧上尉嘗試以一個大膽的動作來攻擊他的對手。但很不幸的，他誤判了飛機的性能，烏山頭水庫附近山區的一縷黑煙，帶走了他年輕的生命，他的妻子也永遠失去了人生的伴侶。

因為當時國家的政策與當前不同，所以絕大多數的國人都不知道這些故事，而將國家的安定認為是理所當然，而不知道自由是要付出代價！

這本書，與前面的五本書一樣，就是要告訴國人，有一群什麼樣的人，在什麼情況下，為你我做了些什麼事，而讓我們能有個安定的環境來做自己喜歡做的事！

王立楨　二〇二三年春於大直

尾翼中彈——李鉅滔敵區偵巡遇埋伏

「Leader 注意！……」飛在三千呎空中的張燮侯少尉看著地面那個草地機場旁邊的樹叢裡，冒出一陣火光，心中一驚，知道正在低空通過機場的李鉅滔中尉已中了埋伏。於是他趕緊按下無線電的通話按鈕，對他發出警告。

那天是一九五五年十月初的一天，李鉅滔及張燮侯兩人在早上接到作戰官的通知，有臨時任務要他們兩人去執行。在任務提示時作戰官表示國防部接到一項情報，在福州西南邊約八十公里處，中共似乎預備將一個小草地機場整建成軍用機場，因此他們兩人的任務就是前往該處，查看是否真有整建工程在進行。

那時中共已有米格機進駐路橋，而且某些地方的防空砲火也是相當猛烈，因此在作戰官做完提示後，中隊長田景祥少校也提醒他們千萬要注意空中的敵情，同時盡量不要在敵陣上低空飛行，不要給敵方任何可乘的機會。

那時一大隊、四大隊都已完成F－84G的換裝，開始以噴射機執行作戰任務，五大隊及十一大隊也正在進行F－86軍刀機的換裝。而那天要執行這個任務的李鉅滔與張燮侯兩人所屬的三大隊，則是空軍當時唯一還在使用螺旋槳式F－47戰鬥機執行任務的聯隊。

F－47是二戰期間末期美國共和飛機公司（Republic Aviation）所生產的戰鬥機，曾因它強大的火力（八挺五零機槍）、堅固的機身及超過一千公里的作戰半徑，在歐洲戰場上出盡風頭。韓戰爆發後，美國恢復對中華民國政府軍援時，第一批提供的戰鬥機就是這型飛機。在支援一江山戰役、掩護大陳撤退與九三砲戰時，這型戰鬥機確實為國家立下了一些汗馬功勞。而五大隊的毛節盛少尉更是用這型飛機將中共的一架米格十五擊傷，創下國軍用螺旋槳式飛機擊傷噴射機的紀錄。

然而，畢竟F－47是二戰期間的產物，在面對中共的噴射戰鬥機及地面的雷達高砲時，承受了相當大的風險。就在幾個月之前的六月五日，同是三大隊另一中隊的朱定酉少尉就在一次任務中被中共擊傷後，飛機在海上爆炸而為國犧牲。

那天李鉅滔及張燮侯兩人由屏東起飛後先是對著澎湖飛去，通過澎湖後再對著金門前進。在快抵達金門時，調轉機頭順著大陸海岸線往北飛。就在這時金門的管制官向他們發出「Clear」的訊息，表示由金門到福州之間沒有敵機活動的跡象。李鉅滔聽了之後將油門手柄上的通話按鈕按了兩下，表示訊息已收到。

雖然知道附近沒有任何敵機，但李鉅滔仍然不敢掉以輕心。在飛往目標區時，仍是非常小心地注意周遭的環境。

那兩架F－47在通過泉州不久後轉向西北方，於湄州灣附近上空以七千呎的高度飛入大陸，地面的防空砲火並沒有任何反應。

進入大陸後，李鉅滔看著翼下盡是一片丘陵地，一直蔓延到天邊可見之處，而目標區就在前面不到一百公里處，他實在懷疑在這丘陵地帶怎麼會有機場？

飛了十分鐘左右，李鉅滔看著航圖覺得該是接近目標區了，他放眼向四下望去，結果在他右前方還真的發現在兩個小山之間有一塊平地，非常像虎尾機場。於是他輕輕地向右壓桿，讓飛機對著那塊平地飛去。

「Leader，前面似乎有一個小機場。」耳機中傳來僚機張燮侯的聲音，他也看到了那塊平地。

「Two，我也看到了，我們飛近一點去仔細看一下。」

李鉅滔帶著張燮侯開始降低高度，當他們在三千呎改平時，整個區域都可以看清楚了。他們圍著那個小機場繞飛了一圈，在機場邊上看到有一個細細的紅白東西在風中飄舞，李鉅滔知道那該是飛機起落時看風向、風速的風袋。除了那個之外，沒有任何房屋、機庫、棚廠或車輛，更不要說飛機了。

為了要確實看清楚那小機場旁邊的樹叢中有沒有藏著任何施工車輛或是飛機，李鉅滔決定自己低飛通過機場仔細看看。於是他通知僚機：「Two，你留在這個高度注意四周，我下去看看。」

「Roger。」張燮侯簡單的回應。

李鉅滔將駕駛桿向左壓去，飛機頓時向左下方急轉而下。他將飛機在一百呎的高度改平，然後以兩百多浬的時速快速地通過那個草地機場上空。就是這時飛在高處的張燮侯看到了由機場旁邊樹叢裡所冒出的火光。

而那時正在低空通過機場的李鉅滔，根本沒有看見任何砲火。他只覺得一陣叮咚的響聲由飛機尾部傳來，然後飛機強烈的抖動了一下之後，機頭就猛然的下垂，對著地面俯衝而去。他下意識地將駕駛桿拉回，但是駕駛桿像是被什麼東西卡住一樣，無法扳動。眼看對著他迎面而來的灰綠色大地，李鉅滔腦海中突然出現了一連串自他兒時開始的生活片段影像。他知道如果在幾秒鐘之內無法由俯衝中改出的話，翼下的這片草地就將是他的葬身之地。腎上腺的分泌頓時大量在身上竄流著，他雙手用盡了力量握住駕駛桿使勁地往後拽著。就在飛機撞地前，他覺得就像一塊金屬接頭被折斷了似的，駕駛桿被他強力拉回，機頭瞬間揚起，但是在巨大的慣性下飛機還是在繼續下沉著。他感覺飛機幾乎就是擦著地面在衝刺，螺旋槳隨時都會觸地一般。這樣飛了幾秒鐘之後，飛機才開始爬高，螺旋槳所產生的巨大風陣捲起了地面一片灰塵。

張燮侯在空中看著長機終於開始爬高，才將心中的一塊巨石放下。他用無線電詢問李鉅滔一切是否安好，同時操縱著飛機對著長機飛去。

李鉅滔在爬高的過程中一直覺得飛機的尾部在微微抖動著，他試著搖擺、推拉駕駛桿，及蹬動雙舵，飛機的反應都還算正常，只是在推拉駕駛桿時總覺得像是有什麼東西卡在那裡似的。蹬舵時雖然平順，但也覺得在蹬右舵時會卡到什麼東西一樣。他想著飛機尾部一定已經受傷，於是通知僚機張燮侯，要他飛過來替自己仔細檢查一下飛機尾部。

張燮侯飛到李鉅滔的左後方，那架F－47的尾部看在他的眼裡真是怵目驚心。垂直尾翼上有一個比籃球還大的洞，撕裂的蒙皮正在風中顫抖著。後機身在尾輪附近也被打了一個洞，國徽處也有多個小洞，這真可以算是災情慘重。

李鉅滔在聽到張燮侯的損害報告後，覺得一定是尾安定面被擊中時，有碎片將操縱鋼纜卡住了。而他在座艙中用盡所有的力量將駕駛桿後拽時，可能將那塊碎片拉開，升降舵才得以恢復正常。

那時兩架飛機已經爬到七千呎空層，平潭島在遠處天際隱約可見。張燮侯飛到李鉅滔的左側，他在座艙中看著李鉅滔，同時用無線電詢問：「Leader，要不要就近落金門？」

李鉅滔一開始也有就近轉落金門的念頭，但是他繼而想到如果在那裡落地，當地並沒有這型飛機的維修人員，隊上勢必要派出一組維修人員搭運輸機到金門來修理這架飛機。而他當時飛在七千呎的空中，一切都還算正常，不如就這樣將飛機直接飛回屏東，這樣在本場的維修能力下，應該可以很快就重新恢復戰備。

「不用了，飛機的狀況現在還可以，我們直接回屏東吧。」李鉅滔在無線電中對著張燮侯說。

李鉅滔先將飛機對準東南方飛去，此時地面仍和先前他飛往目標區時一樣平靜，但經過剛才被偷襲過後，餘悸猶存的他卻覺得地面處處都是預備偷襲自己的陷阱。在飛機已經受傷的狀況下，他必須盡快飛離大陸，免得再被地面砲火攻擊。

當時隊上的F－47並不是每架都有無線電羅盤的導航設備，因此在執行對大陸的任務時，有時只是長機才有這個裝備。而這次任務就是這樣，因此李鉅滔這時非常清楚，他必須保持現況將飛機飛回台灣，不僅是為了自己，也為了將他的僚機帶回去。

飛機飛離大陸後，李鉅滔將導航儀器的歸航台訂到馬公。然後根據儀錶的指示將飛機對著馬公飛去。在操縱著飛機轉向時，他可以感覺到駕駛桿並不是很順暢，因為看不到操縱鋼纜受損的狀況，他也不敢做任何大動作的操縱，只有小心翼翼地控制著飛機往回飛去。

張燮侯飛在長機的右後方，長機的機尾就在他左前方不遠處。他看著那個在垂直安定面上的大洞，及機身國徽附近的一些小洞。想著還真是運氣，受傷的部位是在安定面上。如果飛機稍微快一點，方向舵被擊中的話，就會影響到操縱性能。其實他只是看到外表，卻不知道一塊金屬碎片落在升降舵與方向舵的操縱鋼纜滑輪上面，剛好將滑輪卡住。因此在瞬間將升降舵卡在機頭向下的位置，而李鉅滔用盡蠻力將駕駛桿後拽時，雖把那塊碎片擠到旁邊，但仍然是卡在滑輪軸承附近。

李鉅滔的飛機搖搖晃晃地飛在台灣海峽上空，出發時的晴空萬里已經被滿天烏雲所取代。為了要保持目視飛行，他必須降低高度。於是將油門收回，讓飛機藉著重力緩緩地降低高度。當他在兩千呎恢復平飛時，看到海面一艘軍艦上煙囪所排出的黑煙竟與海平面平行。可見海面的風勢相當可觀。他下意識地看了一下發動機儀錶，發現所有的指示都在綠色範圍之內，這使他放心不少，因為如果在這種天候下墜海，實在是凶多吉少。

一片島嶼在飛機正前方出現，李鉅滔知道那裡就是馬公。他隨即轉頭往東看去，但因為雲層的關係，還看不到台灣。不過雖然看不到，他卻知道台灣就在五十公里外。於是他將駕駛桿向左壓去，

李鉅滔中尉落地後，與中彈的 F-47 合影，相片中可以看見除了垂直尾翼中彈受損部位外，國徽也有被輕型武器擊中的彈孔。（李鉅滔提供）

同時蹬下左舵。駕駛桿的反應很正常，然而在蹬舵的時候，他明顯感受到並不是很順，總覺得似乎鋼繩被什麼東西卡著一樣。這種情況下他不敢用大力去蹬舵，深怕如果用的力道太大，會將鋼繩拉斷，於是輕輕踏著舵板，儘量用副翼來控制飛機的方向。

飛機轉向東飛了幾分鐘後，一抹綠色的影子在海平面出現。李鉅滔知道那該是嘉義的海岸了。看到陸地之後，李鉅滔的心中就更踏實了。飛機雖然中彈，但他終究是將國家寶貴的資產帶了回來，他沒有忘記座艙旁邊的那個標語「本飛機價值美金八萬三千元，來之不易，當心維護使用」。

基地裡已經知道這架飛機在敵陣上空被襲中彈，因此救護車輛都已在跑道頭待命。中隊長田景祥少校也開著吉普車趕到跑道邊去看著這架受創的飛機返航。當那兩架飛機由左營方向接近屏東機場時，他用望遠鏡對著他們看去時，並沒有覺得有什麼不對。因為由地面看去兩架飛機編隊飛的非常整齊，但是當飛得更近時，可以看出李鉅滔的飛機尾部似乎有些不對勁。他調整了一下鏡頭，這次他到了飛機尾部的那個大洞。

「天哪……」中隊長田少校喃喃自語地說著。

李鉅滔按照正常程序，在衝場通過跑道上空後，向左拉開，飛機迅速轉入三邊，隨即將起落架的手柄按下，兩個主輪及尾輪由機翼及機身中放出後所增加的阻力讓飛機明顯慢了下來。這時李鉅滔想起了僚機曾告訴他，他飛機尾輪附近也曾中彈，為了確認飛機尾輪沒有被打破，他通知僚機幫忙確認。

他將飛機擺正，讓僚機飛到機尾附近去仔細觀察尾輪有否受損。

F-47 垂直尾翼中彈的慘狀。（李鉅滔提供）

張燮侯將自己的飛機飛到長機機尾下方，看著尾輪在空中慢慢地旋轉著。他看不到有任何明顯的破洞，但卻不敢確定輪胎會不會被小碎片擊破而漏氣。聽到僚機的報告後，李鉅滔覺得狀況該不會太糟，他知道如何去處理這樣的問題。

李鉅滔將飛機轉向五邊，對準跑道直飛而去。他利用油門來控制飛機的下沉率，讓高度慢慢降低。當飛機進入跑道後，他將油門收回，飛機的兩個主輪隨即輕輕擦到跑道上。飛機落地後，他將駕駛桿輕輕地向前頂著，想將飛機的尾輪繼續保持騰空的狀態，盡量減少尾輪著地滾行的時間。這個方法奏效了，尾輪在飛機幾乎停止滾行的時候才落下，沒有任何狀況發生，尾輪並未受損。

事後檢查尾部受損的狀況時，維修人員發現垂直安定面中彈時，一條鋁製的支架被打斷，並直接落在尾部操縱鋼繩的滑輪上，將升降舵卡死。維修人員幾乎不敢相信在那麼短的時間內，李鉅滔竟能將那卡住的鋁製支架用力拉開，在飛機撞地前將駕駛桿拉回，讓機頭抬起，避免了機毀人亡的慘劇。

維修人員曾將一條相同的鋁條放在操縱系統的滑輪上，請大家試著拉動駕駛桿，看看是否有人能將那根鋁條拉開。竟然沒有人，包括李鉅滔在內，能夠扳動駕駛桿！大家都知道那是一個人在生死關頭時，在求生意識的催促下所產生的蠻力，讓李鉅滔躲過了這一劫。

夜闖神州——李崇善夜間深入敵區

六零年代美蘇冷戰期間，美國為了要獲取中國大陸的內部資料，曾與中華民國空軍合作，先後成立了三十四中隊與三十五中隊，專門對中國大陸進行偵察。第三十五中隊，也就是目前大家所熟悉的「黑貓中隊」，專門負責對大陸內部進行高空偵照，所使用的飛機是美國最先進的U－2高空偵察機。第三十四中隊，俗稱「黑蝙蝠中隊」，是對大陸地區做電子情報任務。相對於黑貓中隊所使用的先進高空偵察機。三十四中隊所使用的飛機，卻是二次大戰時的轟炸機改裝而成的電子偵察機。

這兩個中隊都是冒著相當的危險，進入中國大陸去攝取美方所需要的情報。而黑蝙蝠中隊所冒的風險更是千百倍於黑貓中隊。因為黑蝙蝠的任務其實就是讓執行任務的飛機當成一個餌，當任務機進入大陸地區之後，中共的防空部隊一定會開啟雷達來追蹤這架闖入的飛機，而在這同時飛機上的電子官就將那些雷達的地點與參數錄下，以便日後一但美國有需要時，可以根據那些參數，設計出一套矇蔽防空雷達的反制電波。

李崇善教官在美受訓期間。（李崇善提供）

美方所提供我國執行這種任務的飛機，是二次大戰時期的B-17轟炸機，已有近二十年的機齡，而中共前來的攔截機卻都是新型的噴射戰鬥機。因此，我方的飛機都是利用夜間出勤，希望黑暗的夜色能提供相當程度的掩護，同時也靠著飛行組員熟練的技術來彌補飛機性能的不足，機身一般也以黑色塗裝來上漆，增加隱蔽性，以此來達成任務。

以下的故事就是一位電子作戰官——李崇善上尉，回憶他曾參與深入大陸的電子偵測任務。

一九五八年四月二十一日下午六點半，一架改裝過的B-17轟炸機滑出新竹基地跑道西側的三十四中隊停機坪，往05跑道方向滑去。這架飛機的十四位組員分別是：機長陳章相中校、飛行員李德風中校、陳莊甫少校，三位領航官是：汪長雄中校、謝恕倫少校及伏惠湘上尉，還有三位電子作戰官：李崇善上尉、劉抑強上尉與馬甦上尉。其餘五位組員是：機工長宋迺洲士官長、通訊員靳習經士官長與考振芬、黃士文及馬維棟三位空投士官。

當天晚上，這架B-17從新竹起飛後，就一直保持著五百呎的高度在台灣海峽上空向北飛。李崇善上尉坐在駕駛艙後面的電子艙，由這裡的小窗往外望，只見太陽逐漸在西方天際落下海平面，附近的雲彩被染成萬紫千紅的絢麗景色。這種祥和的場景讓他想起了遠在河北的家鄉，及陷在鐵幕內的家人。轉眼間離開家鄉已經快十年了，此時他就想起了前一年他曾由空中回到北京的往事，那次雖然在他心目中是返鄉之旅，但整個任務的情節卻有如電影情節般的驚險……

那個故事要由前一年（一九五七年）的元旦說起，那天李崇善與八大隊幾位當選國軍克難英雄的同仁，在白天參加過台北中山堂所舉行的表揚大會後，晚上還在三軍球場[1]看了一場美國「白雪溜冰團」的表演。看完表演後，三個軍種的三百多位克難英雄都在台北過夜，預備參加第二天中午立法院長為他們準備的餐宴，但是空軍八大隊的七位克難英雄卻被告知必須立刻趕回基地，有重要的任務等著他們去執行。

當他們七位匆匆回到基地時，才知道那個重要任務是要第二天晚上才執行，當時將他們由台北請回來是希望他們在執行任務之前能有足夠的休息。

第二天中午，李崇善上尉進入基地報到後，看到任務派遣單上寫著以下十四位組員的名字：機長趙欽少校、飛行員王為鐸少校、飛行員戴樹清上尉、領航官柳肇純少校、領航官謝恕倫少校、領航官張鳴卿少校、電子官李澤林少校、電子官傅定昌少校、電子官李崇善上尉、通訊員靳習經士官長、機工長鍾明遠士官長、空投士徐雅林士官長、空投士姚邦熹士官長、空投士考振芬一等兵。

這些人都是隊上頂尖的人物，因此李崇善下意識地認為這一定是相當艱鉅的任務。果不其然，在下午一點鐘任務提示時，隊上作戰官將那個二十五萬分之一的地圖展示在組員前面時，他不自禁地在心中暗暗的叫了聲「哇！」，因為整個任務竟包括了華北的七個省份，而在進入河北省後，竟要從北平、天津間通過，那些是他幼時所熟悉的地方，如今在別離家鄉近十年後，有機會由空中飛臨，心中不免激動。

任務提示完畢之後，李崇善及另外兩位電子官就前往棚廠去檢查飛機上的電子裝備。這架編號七三五的B－17是二戰期間美國生產的轟炸機，機齡已近二十年，美國中央情報局（CIA）將這架飛機上原有的轟炸設備、所有機槍、自衛裝備全數拆除，然後將原先炸彈艙改裝成電子艙，三位電子官就在那裡面操作監測中共雷達的電子儀器。與老舊的飛機相比，這些裝在電子艙裡面的電子儀器卻都是當時最頂尖的產品，只要供電系統沒問題，電子

1 編註：位於現在總統府前南廣場。

儀器本身很少出毛病。

晚上六點十分，在吃過簡單的晚餐後，這架B－17由新竹基地起飛。飛機離地後並未爬高，而是立刻向左轉以五百呎的高度對著西北方飛去。

四十分鐘後，飛機接近馬祖，這時李崇善上尉由他所監控的儀器中發現飛機已被中共的雷達偵測到。他將這個訊息即時的通知任務機長，機長聽了後僅是簡單的回答：「繼續監控。」這是很正常的反應，因為進入大陸被雷達搜索到是很正常的事，只要沒有敵對行動，任務機仍然按照計劃前進。

幾分鐘後飛機由福州北部進入大陸，因為福建近海地區多是山區，因此飛行員將飛機爬高到八百呎左右以策安全。這樣飛了沒多久，李崇善突然聽到飛機機身上有「沙⋯沙⋯」的響聲，他轉頭對著電子艙裡唯一的小窗戶看了一眼，只見窗戶外有著雨絲的痕跡。他想起在任務提示中氣象官曾表示當晚整個航程的氣候都相當惡劣，有風有雨，其中幾個目標地區還會下雪。

飛機通過江西廣昌不久，傅定昌少校由他的監控儀器中發現，有一批敵機在地面管制下起飛，對著這架B－17飛來。當時坐在正駕駛座位上的趙欽少校聽到這個消息後，將飛機的高度向下降了一些，因為只要不讓敵機飛得比自己低，在黑夜中敵機是很難目視自己的飛機。

就在李崇善專心看著儀器上的指標時，突然一陣冷風由電子艙小門吹來，原來是空投士正在將空投門打開，預備將印著蔣總統玉照及新年「告全國同胞書」的傳單向機外投出。根據任務提示時的空投提要，李崇善知道飛機正通過江西宜春市上空。

進入大陸兩個多小時後，飛機接近湖南長沙。這時傳定昌少校由監聽中又發現一架敵機快速地由右後方向我機接近，已經快進入機砲射程。趙欽機長聽到後，立刻

李崇善教官與夫人蜜月旅行時留影。（李崇善提供）

在大雨滂沱中將B－17當成戰鬥機一樣操作。坐在電子艙裡的李崇善雖然已經將安全帶及肩帶束緊，但在劇烈的閃避動作下，仍有幾次覺得要被甩離座位，他緊緊抓住工作檯的把手，祈求上蒼能讓任務機躲過這一劫。

而在這同時，另一位電子官李澤林少校也不斷地放出干擾訊號，企圖使地面雷達無法持續並全面地捉到這架B－17，這樣在地面引導下前來攔截的敵機，很可能就無法找到他們了。

坐在飛機前端的一位機鼻領航員（Nosegator）[2]一直瞪著雙眼看著外界的景象，並及時地用機內通話系統通知機長周遭的障礙。多少次李崇善在聽到「拉高！拉高！」的警告聲後，隨即聽到飛機發動機的吼聲提高，機頭也急劇的抬高，他隨即被那瞬間產生的G力壓在座椅上而動彈不得。

這樣大動作的閃避幾次之後，傅定昌少校在監聽中得知那架攔截機已因天氣太壞，以及無法確實看到B－17而被叫了回去。在飛行員高超的技術及惡劣氣候的掩護下，終於躲過了敵機的兩次攻擊。

雨勢越來越大，在通過洛陽的時候，機鼻領航員在機內通話系統中報出外界已經下雪。在離開家鄉之後就沒有看過雪的李崇善轉頭由那小窗外望，只見一些微細的雪花在窗外飛飄著，他心中有些激動，想著快過陰曆年了，家裡該已經有過年的氣息了，而那些他所懷念的家人不會知道當夜他將由空中返回故里……。

此時戴樹清上尉已換下趙欽少校，坐上了正駕駛的座位。在雪花漫飛的空中飛行時，他最擔心的就是結冰，雖然防冰系統已經啟動，但他仍不斷的轉頭向飛機左翼看去，要確定飛機在這冰冷潮濕的狀況下沒有結冰。

午夜時分，飛機通過河南新鄉上空時，戴樹清發現駕駛艙的前窗邊緣有結冰的現象，他趕緊往左翼看去，果然左翼前緣看起來像是打過蠟一般光亮，他知道那就是機翼結冰的現象。這是相當嚴重的問題，因為一旦開始結冰，很快的就會結成一大塊，那除了增加飛機的重量之外，更會改變飛機機翼的外型，對飛機的升力有很大的影響。這是絕對要避免的狀況，於是他將除冰系統啟動，但是面對這種老舊的飛機，他實在不敢確定這個系統有多大效力。

2 編註：Nose Navigator 之簡稱。

機外的溫度那時已經低到攝氏零下十度，李崇善雖然在飛行衣裡面穿上了衛生衣褲，外面又穿了一件厚厚的夾克，但那嚴寒刺骨的風由飛機各個不同的細縫穿進機艙，還是讓坐在電子艙裡的他冷得渾身打顫。

機身蒙皮傳來一陣叮咚作響的聲音，就像是有人用石頭丟到蒙皮上似的。李崇善正覺得奇怪時，他突然意識到那一定是機翼上被除冰系統弄碎的冰，打到機身上所造成的聲音。那些聲音雖然惱人，但聽在戴樹清上尉耳中卻如天籟般的悅耳，因為這代表了除冰系統運作正常。

飛機接近河北石家莊附近時，傅定昌少校又發現中共的一個雷達已經掃到他們，並同時監聽到有一批敵機已升空前來攔截。

飛機通過石家莊後沒多久就接近保定，這時李崇善心中開始激動。因為保定北邊一百多公里處就是北平，一九四八年他在那裡考入空軍通訊學校的往事歷歷在目。這是他八年來第一次離北平這麼近，這種近鄉情怯的感覺讓他心中澎湃異常。他好想到機鼻領航官的位置去看看睽違已久的北平，但他也知道當下並不是在觀光，而是在作戰。他有自己該執行的勤務，不能隨便離開崗位。

飛機通過保定後，又往東北飛了一段，然後在距北平約二十公里處向右轉，往南飛去。在飛機轉向的時候，李崇善忍不住站了起來，由那小窗對著北平的方向看去，在滿天風雪間他看到遠處一點燈火，瞬間眼淚就由雙眼潸然而下，那裡有著他太多的回憶……

飛機除冰系統雖然正常運作，但終因機齡已久，效能大打折扣，機翼上結冰狀況依然，於是戴樹清將飛機高度再降低了一些，希望低空的溫度能在冰點以上，繼而防止繼續結冰。這個方法似乎奏了效，低空飛了一段時間後，機窗邊緣的冰明顯減少了許多。

李崇善看著放在前面架子上的那台鋼絲錄音機正在穩定地轉動著，錄音機前面兩個指針不停在隨著資料的強弱而上下抖動，表示敵方所有的雷達資料都已被錄下，是這次任務最重要的一環。

飛機由山東德縣外圍通過時，傳定昌少校通知戴樹清上尉，中共一批攔截飛機已接近到機砲射程之內，於是戴樹清再度將飛機進行劇烈的閃避動作，而李澤林少校這時也不停地放出干擾訊號，這樣敵機即使接近到機砲射程之內，也很難瞄準。閃避動作、干擾訊號加上惡劣的氣候再度讓敵機放棄攔截，轉頭而去。

飛機通過山東濰縣時將最後一批傳單投下，不久之後就由山東海陽出海，結束了近九小時的敵陣上空飛行，全體組員都鬆了一口氣，放下了緊繃的心情。

那天B－17離開大陸上空後，繼續保持五百呎低空向東飛行，於清晨五點四十五分降落在美軍位於韓國的K－8基地（群山空軍基地）。基地方面已經準備妥當，當B－17一落地，就被一輛「Follow Me」吉普車帶進一個敞開的棚廠，飛機直接滑進棚廠後才關車，棚廠的拉門也隨即關起。

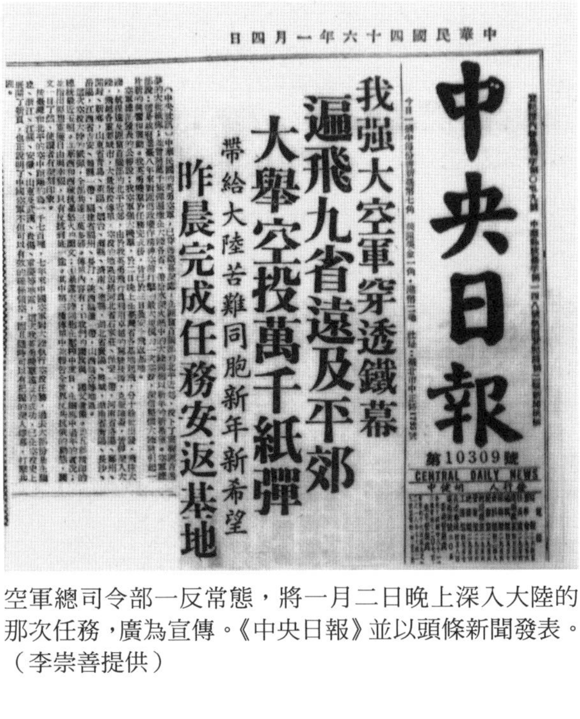
中華民國四十六年一月四日

中央日報

第10309號

CENTRAL DAILY NEWS

我強大空軍穿透鐵幕

遍飛九省遠及平郊

大舉空投萬千紙彈

帶給大陸苦難同胞新年新希望

昨晨完成任務安返基地

空軍總司令部一反常態，將一月二日晚上深入大陸的那次任務，廣為宣傳。《中央日報》並以頭條新聞發表。（李崇善提供）

當全體組員步下飛機時，發現棚廠裡竟然有許多熟悉的臉孔，原來隊上一批工作人員於前一天就搭一架C－46前來群山基地，等著他們的凱旋歸來。另一批美軍人員在組員下機後，立刻急著登機將飛機上那些電子儀器所蒐集到的資料取下，那是他們最關心的戰果。

那次任務的戰果相當輝煌，而空軍總司令部也一反常態將任務公開宣佈。第二天國內的各大報都在頭版刊登了這則消息。

——

回想到這裡時，李崇善的耳機中傳來機長宣佈進入大陸地區的聲音，他看著所負責的電子儀器已經探索到中共的雷達訊號，是開始專心執行另一次任務的時候了。

這次的任務與去年年初那次深入華北的任務性質是一樣的，但其中一個變數有著相當的變化，那就是中共的攔截方式有著顯著的進步，這對我方執行深入大陸任務的組員來說是一大威脅。

李崇善發現從一進入大陸上空，中共就開始跟蹤監視這一架B－17，不但訊號從未間斷而且根據另一位監聽的電子官表示，中共對攔截單位所報出的我機位置也相當準確。

根據中共方面所解密的資料，當天晚上當這架B－17接近南昌時，中共空十二師殲擊機大隊飛行員李順祥於九點四十八分，駕駛米格十七起飛前去攔截。而中共雷達單位與米格十七之間的通話，當時就被飛機上的另一位電子官聽到，他即刻將所聽到的訊息向機長陳章相報告，機長在聽到米格十七即將佔位攻擊時，立刻開始大動作閃避，這讓米格十七試了幾次都無法瞄準開槍。於是敵機於十點四十分返回基地落地。

當陳章相中校駕著B－17由江西修水附近往湖北方向飛去時，位於江西吉安的雷達站又將他們鎖住了，並通知攔截單位。於是李順祥在晚上十一點八分奉命再度起飛攔截。

中共地面攔截單位指揮著李順祥的米格十七向我方的B－17接近，而因為這次中共地空之間的通訊用的是與之前不同的頻道，所以我方飛機上的電子官在第一時間並未截獲敵方的陸空聯絡，因此不知道有一架米格十七正悄悄對著他們快速接近中。

當我方電子官終於截聽到敵方的陸空通話時，米格十七已經佔位並即將開槍。電子官趕緊通知機長閃避。陳章相中校聽了之後，立刻將飛機向左急轉。但就在那一霎那，一陣清脆震耳的金屬破裂聲音在機身中段響起。坐在電子艙裡的李崇善隨即聞到一陣嗆鼻的火藥硝煙味道，同時眼前一片煙霧瀰漫，他知道飛機中彈了！

飛機中彈後，起初因為不知道確實中彈部位及受損的程度，大家有些慌亂。機長陳章相用機內通話系統很鎮靜地問有沒有任何組員受傷？然後他請每個部門檢查各自的周遭，並回報受損情形。所有組員聽了機長沉穩的聲音後，恢復了慣有的冷靜，開始檢查飛機。結果發現電子艙頂端被機砲砲彈打穿，有四個彈孔，尾垂直安定面及方向舵也被擊中，機尾部分更被砲彈擊穿，由機內可以直接看到外面的天空，不過僥天之幸，沒有任何一位組員受傷。

陳章相機長在了解飛機受傷的狀況，及測試飛機發動機及操縱性能後，覺得這幾個受損的部位除了方向舵稍微影響飛機操縱之外，其餘的幾個地方都只是表面損傷，並不會影響飛機的飛行。但為了安全起見，他決定中止執行任務，立刻返航。於是機長下令通訊員對基地發出電訊：「我機中彈，即刻返航。」同時請領航官規劃一條可以藉著地形掩護，儘快飛返台灣的航線。

米格十七飛行員李順祥在第一次攻擊時，一共發射了三十六發二十三公厘的砲彈，攻擊後他向右脫離，並預備轉一圈、由後方進入再攻擊一次。但就在他調轉機頭的時候，B－17已經飛入附近的山區、降低飛行高度，這樣中共地面的雷達就找不到他們了。於是地面攔截指揮部門於十一點四十九分下令李順祥返航。

領航官臨時規劃了一條從湖北經安徽，然後由江蘇出海的航線，一路都是在山區中飛行，這樣可以躲過中共雷達的偵測，預計清晨五點日出前由上海北邊出海，九點前可以回到台灣。這條航線經機長認可後，飛機立刻轉向並降低高度，順著新航線向東飛去。

因為是一條臨時畫出來的航線，因此坐在機鼻的領航官，一路都是瞪大了眼睛注意著前面的地貌，隨時警告飛行員眼前突然出現的地障。

B－17就這樣在山區間遊竄著往東飛。任務雖然已經終止，但電子官仍然非常忙碌的在用電子儀器去偵測飛機是否被敵方的雷達掃到，同時也隨時監聽著是否有敵機前來攔截。

飛機準時於日出之前從上海北邊出海，陳章相機長在飛機出海後，又將飛機的高度降低了一些，然後繼續東飛了約五十浬左右，才將機頭向右轉對著台灣飛去。

飛機出海後，機長下令通訊員發電訊給基地，告知飛機已脫離敵境，將於九點返抵基地。

沒有了敵情的顧慮，李崇善這才定下心來想著剛才飛機被擊中彈的事。那時電子艙中還有著那尚未完全散去的火藥味道，他覺得幸運之神始終在眷顧著自己，因為一年多之前的另一次任務，本來該是他參與執行，但是上級卻在最後一刻臨時將他換下，讓另外一位剛完訓的電子官上陣。結果那架飛機就在當夜被擊落，由於將他換下來的時候相當匆忙，許多人在知道那架飛機被擊落時，並不知道他不在飛機上，而跑到他家裡去報訊，害得李太太白受了一場虛驚……。

飛機由舟山群島外圍通過後不久，李崇善突然聽到駕駛艙裡爆出一陣歡呼聲，他探頭進駕駛艙一看，只見一架C－46與另一架B－26，已經飛在他們飛機的兩側。原來是殷延珊隊長怕B－17撐不到回基地，於是在知道他們飛離大陸的時間後，立刻駕著隊上的C－46帶著橡皮艇及乾糧前來與他們會合。如果B－17必須在海上迫降的話，C－46就可以將橡皮艇及乾糧投下。而另一架B－26則是由美籍教官亞歷山大少校伴隨著隊長的C－46前來。

結果C－46所準備的救生裝備並未派上用場，三架飛機於上午九點依序在新竹機場落地。B－17一共飛了十四個半鐘頭，中了九發砲彈，留下了一個未完成的任務。

也就是這次任務的經過，讓美方中情局官員了解到B－17已不適合繼續執行深入大陸的任務，因此加速了換裝P－2V的過程。

對於李崇善來說，這次與前一年一月二號的任務，是他在空軍中最值得紀念的兩次任務。他在解嚴並開放老兵返鄉探親後曾回到家鄉，並見到了年邁的父親，這也是相當欣慰的事。只是他從來沒對大陸的家人提及，自己當年曾在暗夜裡由空中遙望過家鄉。

空中相撞——許家寅、于洪荒攔訓相撞

一九六二年八月二十二日上午，許家寅少尉隨著幾位同學來到台南空軍基地報到，他們是剛由空軍官校四十三期三班畢業，被分發到一大隊來見習。那天他們剛進基地，還沒有進入大隊部，就聽見一陣雷鳴似的響聲由空中傳來，他們抬頭上望，只見一架F－86軍刀機以大角度俯衝而下。機頭雖已抬起，但機身仍向下快速的下墜，他們幾位見習官看著那架飛機的角度，知道已無法順利解出，因此只希望飛行員能及時彈射跳傘逃出飛機，就在這時一聲砲擊似的「咚！」一由飛機傳來，隨即飛行員及座椅由駕駛艙中帶著火焰彈出，正當他們為飛行員感到慶幸之際，飛行員卻在傘尚未全開之際墜地。

他們幾位見習官隨後知道了那位飛行員是比他們早一期的杜立群中尉，他是在練習空中戰術時，進入了不正常動作後，改正不及而以身殉職。

雖然在之前許家寅少尉就知道飛行這一行的風險，但在報到的第一天就碰上這種悲劇性的歡迎方式，對許家寅少尉來說，還是相當的震撼。但這也給了他一個很明確的訊息——飛行是一個不容許有絲毫差錯的行業，即使在訓練的過程中，也有因機械或人為的錯誤而導致機毀人亡的可能。

見習期滿及完成的過程及戰備後，許家寅開始執行作戰任務，為此他感到相當的自豪。那時即使肩上只是細細一條金槓（即少尉階），他心中卻是充滿了自信，堅信在台灣海峽上空，他與他的同僚們絕對可以阻擋來犯的敵人。

兩年之後許家寅已經晉升中尉，對於那些周而復始的訓練、警戒及作戰任務都已輕車熟駕非常熟悉，不過他沒忘記報到那天所目睹的慘劇，時時警惕著自己。

一九六四年十二月五日星期六，許家寅一大早起來之後，就像平常一樣套上橘紅色的飛行衣，再加上一件輕薄的飛行夾克之後，就走出了飛行員宿舍。

那天雖然是週末，但對他們那個時代的軍人來說，週末是沒有太大意義的，因為軍人的天職是保衛國家，而敵人隨時都有進犯的可能，所以身為軍人就必須隨時待命，星期六或星期三是沒有什麼分別的。

許家寅中尉吃完早餐之後，走進一中隊的作戰室。牆上的任務派遣單上，密密麻麻的寫著一大堆任務，及每個任務的執行人選。他不用看就知道自己所該執行的任務，因為前一天作戰官已經告知，那天他將與另外三位隊友執行一趟空中攔截訓練。

被安排執行同一個任務的另外三位隊友是：領隊林寶漳少校、二號機于洪荒少尉、三號機陳權政上尉，他本身是四號機。

早上九點，領隊林寶漳少校在做任務提示的時候非常簡單

許家寅教官。（許家寅提供）

地表示，起飛之後，先以四機流動隊形（Fluid-four）在戰管的引導下飛往小琉球附近外海。當天的攔截目標機是四架四大隊的F－100，到達演習空域並目視目標機之後，聽從長機的命令，與目標機進行空中纏鬥。整個提示很快就結束，只是在最後領隊突然說了句：「在纏鬥時候，大家隨時要注意自己飛機的姿態及周遭。」當時大家聽了之後，都點了點頭，因為這是每次飛行時都要注意的事。

那天雖然算是嚴冬時刻，但是位於南台灣的台南卻還有二十幾度的溫度。許家寅在穿上抗G衣的時候，將飛行夾克脫去，因為飛機上的空調系統相當有效，在三、四萬呎的高空時，機外的溫度都是在零下四十幾度的低溫，座艙內卻始終保持著二十幾度的常溫，所以穿著飛行夾克只是徒然讓自己在座艙裡的行動非常不方便，並沒有任何實質的保暖效果。

他們一夥四人拿著頭盔、揹著降落傘由著裝室走出來，登上了吉普車，往停機坪開去。陳權政當時是中隊裡的光棍頭，他在車上對大家說了不少葷笑話，對著當時還沒有女朋友的于洪荒開了不少玩笑，並笑著對他說，當天晚上在雷虎俱樂部有舞會，只要于洪荒肯跟著他們去跳舞，他一定負責替于洪荒介紹一個漂亮的女朋友。大夥起鬨、對著于洪荒叫囂，于洪荒笑著說好，小吉普上又是爆出一陣狂笑。

許家寅在編號243的F－86軍刀機旁下車之後，將飛行盔放在機翼上，然後由胸前的口袋中拿出起飛前三六〇度檢查的卡片，依照卡片開始檢查飛機，他雖然知道機工長在早上已經將飛機仔細檢查過一遍，但是他也記得在學飛的第一天教官就對他所說過的話：「不管『別人』檢查過飛機多少遍，自己一定要在起飛前再檢查一遍，因為『別人』不在飛機上，在飛機上的只有自己。」

當時許家寅總飛行時數已接近一千小時，在檢查完飛機之後，他非常熟練的爬上飛機，在座艙內將安全帶及肩帶繫好，然後在機工長的協助下將發動機啟動。他很快的將所有儀錶檢查了一遍，沒有任何「狀況外」的情形。於是在聽到二號機及三號機報出飛機正常後，也按下無線電的通話按鈕向長機報告，「Guitar Lead, four ready（吉他領隊[1]，四號機準備妥當）」。

1 作者註：吉他是林寶漳的呼號。

於是他們這一批四架飛機就在長機的率領下，魚貫滑出停機坪，對著跑道而去。

四架軍刀機依序進入跑道，長機林寶漳及二號機于洪荒少尉停妥後，許家寅隨著三號機將飛機停在那兩架飛機的後方。

林寶漳少校在他的座艙中轉頭對著于洪荒看了一眼，隨即點了一下頭，並將油門推上。點頭是通知僚機鬆煞車開始起飛滾行的信號，於是于洪荒將油門推上，並將緊踏著煞車踏板的腳鬆開。J－47發動機的六千磅推力立刻讓那架軍刀機跟著長機，開始在跑道上快速的衝刺。

長機及二號機開始起飛滾行後五秒鐘，陳權政上尉的三號機及許家寅的四號機也在那時開始了他們的起飛滾行，一時台南機場上充滿了噴射發動機的尖銳噪音。

四架F－86軍刀機很快的由跑道上凌空而起，領隊林寶漳少校在高度一千呎時，開始向左壓坡度轉彎，于洪荒緊緊的跟在右後方。三、四號機在後面也開始左轉，並切入內圈，這樣很快就追上了前面兩架飛機、編好隊形，對著西南方飛去。

長機向鵝鑾鼻戰管報到後，戰管指示他們保持航向並爬高到三萬呎。在爬高的當兒，長機提醒各僚機，注意氧氣、增壓艙設定及確定機槍電門是在「關」的位置。

十點零七分時，在高雄以南約十五浬處，三號機陳權政上尉首先發現了左前上方有幾縷淡淡的黑煙正對著他們的方向飛來。於是用無線電通知大家：「Boggie，10 o'clock high.（不明機、十點方位上方。）」很快的，大家就都看見了那是三架F－100，兩架在下，一架在上。

于洪荒教官（中）任職空軍官校時與學生在 C-47 運輸機前合影。（于洪荒提供）

「Tally Ho!（目視敵機，追過去！）」林寶漳領隊在看到那幾架F－100後，立刻下達了接戰命令，並開始對著左前方飛去。

兩批飛機都是以點八五馬赫以上的高速在飛行著，因此在看見F－100的尾管黑煙後不久，兩批飛機就對頭通過了。交錯通過後，雙方幾乎是同時迴轉企圖飛到對手的後方，林寶漳此時下令陳權政跟著那架單機的F－100，他自己則帶著二號機去追F－100的長機及二號機。

此時靈活的F－86很快佔了上風，很容易就由後方咬住了那兩架F－100。這時F－100只得運用它的高速來迴避。那兩架F－100在加速的同時並開始推頭，於是林寶漳也將油門推上，空速一下就飆到四五〇浬。但此時那兩架F－100突然左右分開並開始爬升。林寶漳先是決定繼續跟蹤原來所追的那架。然而在後燃器的推動下，F－100的速度要比F－86大上許多，很快的兩機之間的距離就越拉越大，林寶漳眼看著前面的那架F－100越來越小，知道自己的飛機是無法追得上有後燃器的F－100。而在這同時，他自己的空速也因為持續爬高，已經掉到一八〇浬，於是放棄追逐前面的那架飛機，而將機頭鬆下。

林寶漳剛由爬升中改平，就看見右下方兩點鐘方位又有一架F－100，正向自己的十二點方位飛去，於是他趕緊調轉機頭對著那架飛機飛去。這次他因為是由高處俯衝而下，所以很快就接近「敵機」到一千五百呎左右，他很興奮地用無線電對他的幾架僚機宣佈：「長機已跟住一架紅頭的F－100。」

其實林寶漳所跟住的這架F－100，就是陳權政帶著許家寅在追逐那架單機的F－100。當時那架單機也是利用飛機的高速來與F－86周旋，但那架F－100在運用飛機高速性能的同時，也企圖利用剪形戰術與F－86纏鬥，這就讓陳權政一直有機會跟在它後面。

就在林寶漳宣告他跟住那架紅頭的F－100時，他突然發現外圈下方衝出一架高速的F－86，他一看就知道那是陳權政的飛機，見到三號機後，他沒有見到跟在後面的四號機，這使他感到有些奇怪，於是他開始向四下尋找，並在無線電中呼叫四號機。

而四號機的許家寅在那之前的幾秒鐘，正緊跟著三號機追逐他們前面的那架F－100時，突然發現一個陰影蓋住了他的飛機，他抬頭一看，只見一架F－86的機腹正在他座艙正上方，當時似乎他在座艙裡掂起腳就可以碰到上方飛機的機腹。看到兩架飛機如此接近，許家寅首先想到該趕快脫離，免得相撞。然而就在這時他覺得飛機開始向左俯衝轉去，他將駕駛桿向右壓，試圖改正，但飛機沒有任何反應，並且開始猛烈地抖動，左側也開始著火，他想著自己的飛機該是與上面的那架飛機相撞了，這時飛機已無法安全的繼續飛行，於是他毫不遲疑的啟動了彈射跳傘的步驟，座艙罩隨即飛脫，位於他座椅下方的火箭也隨之啟動，將他彈射出已經重創的飛機。

就在許家寅由飛機彈射出來時，林寶漳也在那時看見右下方有一架著火的F－86正在翻滾下墜，附近還有許多碎片，他趕緊向右後方看去，一直跟在那裡的二號機已不知去向。他立刻知道一定是二號機與四號機空中相撞了，驚恐之餘他馬上用無線電通知戰管，要求派出救護機。

許家寅在彈射座椅以超過十個G的力道衝出飛機時，曾短暫失去了知覺，等到他再度醒過來時，已與座椅分開，一朵白蓮似的降落傘在他頭頂展開。

降落傘雖然已經開啟，但許家寅卻是在降落傘下面像鐘擺一樣的左右大幅度擺動著，那劇烈擺動的狀況讓他感到非常難受，起飛之前所吃的早餐一下子全部都吐了出來。在那天旋地轉的當兒，許家寅沒忘記求生訓練時所學

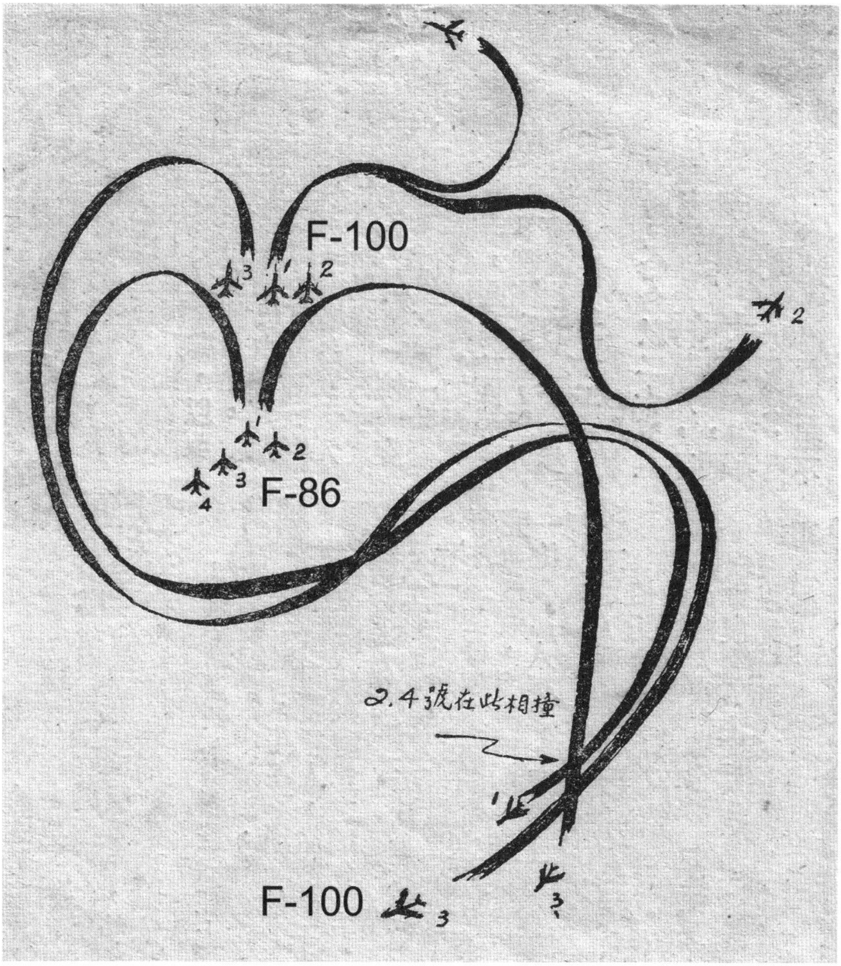

空中纏鬥導致空中相撞時簡圖。（許家寅提供）

到的技巧，他用力將降落傘右邊的拉繩用力拉下，讓降落傘傘蓬內的空氣由左邊漏出，這一招奏效了，沒一會兒功夫，降落傘就停止了擺動，慢慢的向下飄降。

而此時在二號機中的于洪荒卻完全不知道他的飛機已經將四號機撞下，他當時只覺得突然間飛機在一陣巨大的震動後，整個儀錶板上所有的警告燈幾乎全部亮起，飛機也在天空中開始毫無規則的翻轉，如果沒有被肩帶繫住的話，于洪荒覺得就會被那巨大的力量甩到座艙外面，他試著用桿舵來控制飛機，但是他抓著駕駛桿的手及踏在舵上的雙腳，卻似乎毫無用武之力。他轉頭往後看去，卻驚訝的發現整個飛機的尾部都罩在烈火當中，他直覺認為是飛機的發動機爆炸，飛機即將墜毀。

于洪荒知道在無法救飛機的情況下，他必須立刻想法子自救，要不然很快的，他就要隨著飛機摔進翼下的大海。

雖然沒有跳過傘，但是于洪荒卻將跳傘的步驟背的很熟，他先將雙腿收回，將腳踏在座椅的踏板上，然後將抓著油門及駕駛桿的雙手放開，抓住座椅兩旁的彈射手柄。在啟動彈射程序之前，他還記得將頭低下，免得座艙罩在向後飛脫時，會撞到他的頭。

隨著于洪荒將彈射手柄拉回啟動，座艙罩幾乎就在同時被強風吹脫，然後就在他尚未恢復正常坐姿時，座椅後面的火箭就已被擊發，一股強大的推力將他由受創的飛機中彈射而出。

因為在彈射時，他的頭還是向前傾斜著，所以在座椅衝出座艙的那一剎那，他的頭盔前半部撞到了風檔的邊緣，頭盔立刻由撞擊處裂開，于洪荒的前額也被破裂的頭盔割破，頓時一股鮮血由額頭上噴出，但是他卻根本感覺不到任何痛楚，因為他已在那股巨大的G力下昏眩了。

當于洪荒醒過來時，發現降落傘已經張開，他正向海面飄降。也就是在那時，他覺得臉上濕濕的，伸手一擦，看見飛行手套上被染的血紅一片，那時才知道他已受傷，然而卻全然不知道血是由哪裡流出來的，因為他完全沒有疼痛的感覺，但是由血流的程度，他研判自己傷的不輕。

雖然感覺不出來到底是哪裡受傷，于洪荒卻開始覺得暈眩，有馬上就要昏過去的感覺。他覺得腳下灰綠色的大海以越來越快的速度向他撲來，但是雙眼卻無法測出他到底離海面還有多少高度，然後就在他觸及海面之前，昏了過去。

林寶漳及陳權政兩人在空中看到那兩個降落傘之後，就一直圍著它們盤旋，同時將兩人的飄降地點報回給戰管，希望救護隊的直升機能即時趕到。掛在降落傘下的許家寅在看到圍著他盤旋的那兩架軍刀機時，也對著招了招手，讓他們知道自己安全無恙。

由於撞機的地點就在高雄外海，許多在那裡作業的漁船都看到了正在下降的于洪荒的降落傘。因為他已經昏厥，所以並沒有將救生筏充氣，更沒有在落水之前將降落傘的快開接頭打開，而是直接落入水中。幸好有幾艘漁船在他落水之前就已往那裡開去。見到他落水之後，一位站在船邊的漁夫用一根綁著鉤子的棍子，鉤住浮在水面上的傘衣，並開始向上拉。當降落傘被拉上船之後，仍然掛在傘繩下，但已失去知覺，同時被凍的發紫的于洪荒就浮出了水面，大家就又合力將他拖上了漁船。

如果不是那幾個在附近及時趕到的漁船，于洪荒很可能就在水中溺斃。

在高雄長大的許家寅對那裡附近的地理情況非常熟悉，看著在右下方不遠處的壽山，深諳水性的他當時覺得，距岸邊如此之近，被救的機會將會是相當高。而這時他也想到幸好前兩個星期才剛完成了海上求生訓練的課程，因此那些求生要領都還非常清晰地在他腦中。於是他按照程序在下降途中先將救生筏充氣，然後在落海之前將降落傘解開。雖然在落水之前他心中已有「海水是冰冷」的心理準備，但是一旦墜進海中，他還是無法抵擋那刺骨的冰寒！

當許家寅掙扎著浮出海面並爬上救生筏之後，沒多久他就發現一艘小機動竹筏已經開到他的身邊，上面的兩位漁民三兩下就將他由救生筏上拉到竹筏上。

機動竹筏上的漁民在將許家寅救起後，立刻開足馬力對著高雄港開去。那天的風浪並不算大，但是輕小的竹筏在海中仍然是感受到每個波浪的衝擊。許家寅坐在竹筏上受著冷風的吹襲及波浪的顛簸，很快又開始嘔吐，這次將胃中的酸水都吐了出來。開船的那位漁民見狀先是將自己的帽子脫下給許家寅戴上，但是並沒起什麼作用，漁民再將夾克脫下讓他穿上，這實在讓他感動，因為脫下夾克後那位漁民僅剩下一件單衣。穿上夾克後，不再覺得冰冷，但嘔吐的情況仍不見好轉，這時另一位漁民拿出一盒萬金油。挖了一大塊讓許家寅直接放進嘴裡，這個偏方奏效了，他停止了嘔吐。

在空中盤旋的林寶漳在見到兩人已被漁船救起後，心中頓時鬆了一口氣。那時他也警覺到自己飛機的低油量警告燈已經亮起，於是聯絡同樣也是低油量的陳權政趕緊返場。

當許家寅坐的那艘小竹筏在進入高雄港時，他看到了另一艘帶著于洪荒的「滿盛發」號漁船也在進港，于洪荒坐在甲板上閉著雙眼，額頭上鋪蓋著幾張已經完全被血染紅的衛生紙，情況看來並不是很好。

那天那艘漁船及竹筏回到高雄的旗津碼頭時，陸軍八〇二醫院的救護車已經在那裡等候了。當于洪荒被抬進救護車時，隨車的護士竟無法量到他的血壓，救護車在往八〇二醫院飛奔而去時，護士一直認為于洪荒將逃不過那場劫難。

結果，出乎所有人意料之外的是，在醫師鍥而不捨的努力下，于洪荒不但逃過了那場劫難，更在日後恢復了空勤任務，繼續在空中為國效勞，直到他以上校官階屆齡退役。而僅受輕傷的許家寅更是在一個月後就重回藍天。

目前已經由軍中榮退的許家寅，在回憶起那段在空中捍衛領空的往事時，他就會想到在自己剛到一大隊報到當天失事殉職的杜立群中尉，也會想到自己與于洪荒在空中相撞的往事。這些失誤，在承平時代看來似無謂的犧牲，但那全是在訓練戰技時所付出的代價。而台灣本島從未被敵機入侵，就證明了雖然那些訓練付出了昂貴的代價，卻是有成效的！

許家寅在那之後二十餘年的空中飛行生涯裡，一直記住了「空中紀律」的重要性，更不厭其煩的將他的經驗與年輕一代的飛行員分享，希望那些年輕的飛行員們能藉由他的經驗，而學到寶貴的一課。

緊急升空——張甲夜間攔截蘇聯Tu-95

一九六六年冬季的一個晚上，整個台中地區下著大雨。張甲上尉在清泉崗空軍基地的警戒室裡，把抗G衣的拉鍊拉下，將雙腿放在沙發前面的小咖啡桌上，隨手將桌上的一份舊雜誌拿起來看。那本雜誌他已經不知看過多少次了，但是面對著漫漫長夜，實在不知該如何去打發無聊的時間，只能再度抓起那本幾乎已被翻爛的雜誌。看著雜誌上的幾位香港影星的相片，心中卻想的是明天早上下了警戒任務之後，就可以連著放兩天的假，他該帶家人去哪裡逛逛……

那天晚上不但雨大，風勢也很猛，警戒室的窗戶在風雨交會下，像是被凍得發抖似的，頻頻發出「咯、咯……」的聲音。張甲看著窗外漆黑的世界，想著這種天氣下該不會有任何狀況，該是一個很平靜的夜晚。他看了一下坐在旁邊的許大木少校，他本來是在看小說的，但是不知何時小說已經掉在地上，就在椅子上睡著了。另外擔任警戒任務的三號機與四號機的兩位飛行員，早就在後面的寢室裡，躺在床上進入了夢鄉。

當天晚上開始警戒之前的提示時，長機許大木少校表示如果戰管下令兩架緊急起飛時，那就是他自己與二號機張甲上尉出動，所以他們兩人沒有睡到後面的房間，只是坐在椅子上休息，等待著那隨時可能會下達的緊急命令。

兩點鐘剛過，張甲正在半睡半醒，迷迷糊糊之際，一聲尖銳電話鈴聲將他驚醒，值日官蔡少尉剛拿起電話，就聽到馬公戰管的聲音：「緊急起飛兩架，兩拐洞，馬公報到。」

蔡少尉立刻按下兩架緊急起飛的按鈕，並用擴音器宣佈：「兩架、緊急起飛兩架！」張甲那時已完全清醒，他將抗G衣的拉鍊拉上，抓起救生背心就隨著許大木少校向外衝去。剛衝出警戒室的那一霎那，一陣冰冷的空氣由鼻腔直灌入肺裡，一陣雨絲也灑在臉上，似乎在提醒他，那天晚上與他作對的除了那遠在天邊的不明機之外，還有那瞬息萬變的惡劣氣候。

當許大木與張甲衝到各自的飛機旁邊時，地勤士官已將停在飛機右後方的氣源車啟動，高頻的聲音打破了黑夜的寂靜。張甲快速跳上登機梯，三階當兩階爬上去並跨進座艙，機工長也隨著爬上階梯，站在座艙外，協助張甲將肩帶束好拉緊。

張甲教官與 F-104A 合影。（張甲提供）

張甲坐在座艙，按照腦海中已經可以倒背如流的程序，將發動機啟動。頓時安靜的黑夜被那雷鳴般的響聲撕裂。雖然隔著頭盔，仍然可以感覺到那高頻噪音的震撼，他很快地將那些重要的儀錶瞄了一下，它們的指示和幾個鐘頭之前他試車時的一樣，沒有任何問題。他將氧氣面罩扣緊，同時將座艙罩拉下鎖住，這時他看見長機正滑出機堡，於是他放鬆了煞車，隨著長機滑出。

飛機一滑出機堡立刻被傾盆大雨籠罩住，兩架戰鬥機順著滑行道中心線上的燈滑向跑道。張甲只能藉著長機的航行燈隱隱約約的知道長機的位置。

「CCK Tower, 盤古[1] flight with two, scramble（清泉崗塔台，盤古兩架編隊緊急起飛）！」耳機中傳來長機許大木少校向塔台報告緊急起飛的聲音，張甲聽了下意識地將背挺直了些，彷彿是古代的將士坐在馬上即將出征時一樣。

「盤古 flight, clear for take off（盤古編隊，可以起飛），風速五浬，風向三四〇度。」塔台的話還沒說完，張甲就看見長機的尾管噴出一道橘紅色的火焰，隔著座艙罩及頭盔他也能聽到那後燃器的吼聲。

黑夜加上大雨，使當時的能見度非常低，長機剛開始起飛的滾行，還沒離地就由張甲的視線中消失。因為能見度不好，看不到長機升空，張甲又多等了幾秒鐘，在長機開始起飛滾行後七秒鐘他才將煞車鬆開，同時將油門推到後燃器階段，J－79立刻由尾管吐出一股紅中帶青的火焰，一萬七千餘磅的推力隨即在狼嚎似的吼聲中產生，飛機就在這股強大的推力下開始前奔。

J－79型發動機在大雨中運轉的非常順暢，在強大的推力下飛機加速得很快，原來打在座艙罩上的雨滴這時都已被強風吹去，使張甲可以將前方看得清楚了一些，他看著跑道中間的燈，將飛機保持著直線前進。

到達起飛速度後，張甲輕輕的將駕駛桿帶回，飛機衝進了黑暗的夜空，頓時大雨所帶來的惡劣氣流將那架嬌小的「星式」戰鬥機在空中颳得不停地抖動，張甲並不是第一次在惡劣天候下飛行，他在飛機離地的那一霎那就進入了儀器飛行狀態，雙眼緊盯著儀錶板上的各個儀錶的指示，小心地控制飛機在這惡劣的氣候中爬升。

1 作者註：盤古是許大木的呼號，他是空軍中少數用中文作為呼號的人。

這時張甲已用雷達將飛在前面五浬處的長機鎖住，他用無線電通知長機：「盤古 lead, two on tie on（盤古長機，二號緊隨在後）。」

而那時戰管也正忙著與長機連絡，戰管先是讓他們轉向二七〇度，同時爬高到三萬呎，由戰管的焦急口氣中，張甲感覺到當時情況相當緊急。

飛機還沒爬到三萬呎，戰管又下令他們兩架飛機向左轉向一八〇度。那時飛機仍在雲中飛行，雖然已經沒有雨，但氣流仍然不穩，飛機還在顛簸的飛行著。張甲很沉著的看著儀錶板上的指示，操縱著飛機在雲中穿梭，完全沒有被那惡劣的氣流影響到。

黑暗的夜空中，看不見星星，也見不到月亮，那天晚上全台灣的上空只有許大木與張甲這兩架飛機在惡劣的氣候中飛行，在戰管的引導下飛向那不明的目標，去接受那未知的挑戰。座艙外的世界用肉眼所看到的只是那一片見不到盡頭的黑暗，但是戰管雷達的電波卻清楚看到，由南中國海方向有一架大型飛機正快速地向台灣接近，那個目標也許只是個偏離航路的民航機。但是在知道它的身份之前，必須將它假設成是危險目標，可能會對台灣造成威脅，因此必須引導許大木的這兩架F－104前去了解真相。

那架不明機在接近台灣南部的鵝鑾鼻之前改變航向，在台灣的東岸以外約三十浬處往北飛去。而那時許大木的這兩架飛機也已接近恆春，於是戰管通知許大木編隊轉往北飛，轉向後我方的兩架戰機在那架不明機後方約二十浬處。

那時張甲雖然已經出雲，但是在沒有月亮的夜空中，還是無法用肉眼看到飛在他前面的不明機，但雷達的電波卻讓二十浬之外的目標無所遁形，在他的雷達幕上已經可以清楚看到飛在他們前面的那架不明機。

張甲的耳機中傳來了長機許大木少校的聲音：「Two, Weapons Hot（二號機，武器上膛）。」這句指令雖然簡短，卻是鏗鏘有聲，因為一旦武器上膛就代表著隨時都有短兵交接、駁火開戰的可能。

長機的尾管噴出一束帶著些許青色的橘紅色火焰，F-104頓時向前衝去。張甲知道長機已經將後燃器點燃，開始向不明機快速接近。於是他的左手也將油門推桿推到後燃器階段，隨著速度增加而產生的G力頓時將他壓在椅背上，馬赫錶的指針也跳了一下，隨即迅速爬升指到〇．八五的位置，在當時的高度算來，那是四百八十浬的真空速。

戰管不斷地報出不明機的方位與距他們兩架的距離，當距不明機僅有八哩左右時，張甲似乎在前面黑暗的夜空中看到了飛機航行燈似的光，但終因距離太遠而無法看得很清楚。

突然間，張甲飛機前不遠的夜空中，閃起了一片亮光。原來那架不明機在知道有攔截機迅速由後方向它接近時，將機上所有燈光都打開了。這讓飛在他右後方約三浬處的張甲了解到那該是蘇聯的一架電戰型Tu－95轟炸機，要不然它不可能知道由後方向它接近的F－104。而它大概不想有任何意外發生，因此用這種暴露自己位置的方法來宣佈：「我沒有敵意。」

雖然Tu－95已將燈光打開表示並無敵意，但許大木少校卻不敢掉以輕心，他將後燃器關掉，藉著餘速快速的與Tu－95接近。張甲跟在他右後方約一浬處，緊盯著長機與那架轟炸機，這是他第一次在夜間與Tu－95飛得那麼近。在惡劣的氣候下，那架轟炸機不斷地上下晃動著，張甲似乎可以看到那架飛機機翼擺動的弧度，也可以清楚地看見垂直尾安定面上的那顆非常醒目的紅星。他很好奇地想著那架轟炸機在這風雨交加的黑夜，飛得如此接近我國領空，到底是什麼意圖？

長機向戰管報告已目視不明機，並表示那是一架蘇聯的Tu－95轟炸機。戰管先是要他們待命，但隨即要他們仔細觀察那架轟炸機，有沒有任何明顯的外掛或裝備。

許大木少校已經飛到Tu－95六點鐘位置約五百呎的方位，這麼近的距離就連飛在他右後方的張甲都可以將那架轟炸機看得清清楚楚。在機背上的那個白色航行燈的照射下，整架飛機銀白色的機身在夜空中非常顯眼，雖然是後掠式機翼，但採用渦輪螺旋槳式的發動機，而每具發動機的那兩組對轉式螺旋槳的設計，更是他所沒有見過的。

「Two，我現在再飛近一點去看看，你注意著我的飛機，一旦我快速向下脫離，你什麼都不要問，立刻對它發射飛彈！」張甲的耳機中傳來了長機許大木的聲音。看來他是想飛近一點去仔細將那架飛機看個清楚。

「Roger。」張甲簡單的回覆，同時眼睛不自覺地往儀錶板的左下方看去，武器電門已打開，選擇開關指在「飛彈」。他自知已經準備妥當，如果長機受到威脅而脫離時，他會毫不遲疑地扣下扳機。

許大木少校的飛機開始向Tu－95接近，他沒有發現飛機翼下有任何明顯的外掛，但在機身右側尾水平安定面的稍前處，有一個非常突兀的整流罩，他不知道那是不是Tu－95的基本配備，為了周全起見，他決定再飛近一點去仔細觀察一下。

氣流依然不穩，許大木非常小心地向Tu－95靠近，他可以感覺到那架飛機裡有許多雙眼睛正瞪著他看，而此時他卻只在乎在機尾砲塔裡的那個人，因為那人手中控制著兩挺二十三公厘的機砲，隨時可以將砲口轉向他。

就在許大木少校的飛機向Tu－95接近時，戰管的聲音再度由耳機中傳來，這次卻通知他們任務結束，即刻左轉返回基地。那架蘇聯的飛機已與戰管連絡，他們是由北越返回蘇聯途中，因西風影響而偏離預定航道，他們會馬上轉回正常航路。

許大木少校聽到戰管的命令之後，很快的將駕駛桿向左壓去，飛機以一個非常漂亮的弧度向左拉開，看著長機的航行燈消失在左邊的暗空中，張甲也隨即向左脫離。在飛機拉開之際，因為已確知對方沒有敵意，心中緊繃的心情頓時放鬆，於是他再看了一眼那架「偏航」的蘇聯轟炸機。銀白色的機身在暗空中依然顯目，但心中對它已無之前的厭惡感，反而是以一種審美的心情去看那架共產國家所生產的飛機。他覺得其實那架大小與他所熟悉的B－52轟炸機相比，也有另一種美感。

張甲那時也想到那架Tu－95所說的偏航絕對是一個託辭，他們一定是藉著惡劣的氣候故意接近台灣來探測台灣的防空反應實力。他很高興空軍的整個團隊當天並沒有辜負國人的期望。

在三萬呎高的夜空中外界仍然是一片漆黑，張甲藉著飛機上的雷達，清楚的知道他當時的位置是在台灣東部外海，長機在他左前方約三浬處。兩架飛機正在戰管的引導下往清泉崗基地返航。

飛機通過中央山脈後不久，在戰管的引導下他們兩架飛機開始降低高度，而當降到兩萬呎左右，飛機又進入雲層，氣流也逐漸不穩，雲中也不時出現一些閃電，讓張甲的眼睛感到非常不適，於是他將黑色的遮陽鏡拉下，來避免那隨時出現在飛機四周的耀眼閃光。

當高度降到一萬呎左右時，飛機已飛抵大肚溪的出海口，那時的氣流惡劣到爆錶。飛機在亂流下被推得像是脫了韁的野馬，有好幾次張甲都覺得如果不是肩帶將他緊緊的扣住，他的頭盔就會將座艙罩撞出個大洞。

戰管在這個時候將這兩架飛機轉給清泉崗基地的GCA（Ground Control Approach，地面管制進場），由那裡來引導兩機返場落地。而當時因為天候實在惡劣，能見度相當低，因此是由兩位GCA管制員分別在兩個頻道上引導他們進場。

當GCA的值班員聲音由耳機中傳出時，張甲立刻聽出來那是他所熟悉的一位管制官，這使他放心不少。在那位管制官的引導下，張甲的飛機幾乎在完全盲目的狀態下對著清泉崗基地的36跑道飛去。這實在要對整個系統及管制員有相當的信心，才能很放心的在完全看不到周遭的情況下，聽著一位陌生人的指令，以近兩百浬的時速對著看不見的跑道飛去！

飛機在三百呎時出雲，首先進入張甲眼界的就是跑道兩旁像兩串珍珠似的跑道燈，看到跑道燈後，張甲鬆了口氣，雖然仍然是風雨交加，但是多年的經驗讓他很輕鬆的將飛機落在跑道上。

飛機脫離跑道後，張甲發現雨勢雖然比起飛時小了一些，但還是相當大。他順著滑行道的中心線緩緩滑回停機坪，飛機停妥後再將發動機關車。那時地勤人員已冒著大雨將梯子推到飛機旁邊，張甲將座艙罩剛打開，豆粒大的雨珠就傾盆而下將人淋濕，他幾乎是由座艙中跳下飛機，然後三步併兩步地跑回警戒室。

進入警戒室後，張甲注意到牆上的鐘指的是清晨三點，這一趟攔截任務共花費了近六十分鐘。當再坐上原先的那張藤椅，將腳翹到小咖啡桌上後，他想到剛才攔截的那架Tu－95，想到那架飛機上的幾位組員，不知道那些人在看著他與許大木少校的飛機時心中有什麼想法。可是他知道，如果當時那架飛機做出任何敵對動作的話，他會毫不遲疑地將飛機上的兩枚ＡＩＭ－9響尾蛇飛彈發射出去。那麼那幾位組員就會隨著他們的飛機墜入太平洋。

這就是軍人的職責！

攔訓意外——王迺斌目睹戰友撞山

一九六九年十月六日上午五點多，王迺斌上尉走進台南空軍基地的空勤軍官餐廳，見到羅宏新少校與李以寧上尉已經坐在那裡吃早餐。於是他走了過去，和兩人打了聲招呼後，就在他們旁邊坐下。

三位年輕的飛行員坐在一起開始聊天，話題很快就聊到了女性。那時王迺斌是三人當中唯一還沒有結婚的，而他遇到女性時又特別的靦腆，所以兩位已婚的教官對他開了不少玩笑，王迺斌幾乎是紅著臉吃完了那頓早餐。

他們三位都是空軍一大隊一中隊的飛行員，當時一中隊是第一個完成F－5A換裝的中隊。中隊長就是雷虎小組的領隊梁龍中校，因此隊上包括羅宏新及王迺斌在內的許多人都是特技小組的成員。只是戰鬥飛行是他們的本業，特技飛行只是每月有幾天的訓練而已。那天上午，他們三人都排有不同的任務，因此在吃完早餐後，就都趕到中隊作戰室去接受當天的任務提示。

那天早上羅宏新及王迺斌兩人被指派執行一項陸空聯訓的演習任務，李以寧則是被指派與另一位剛完訓的隊員——吳宗生中尉執行「邁進三號」演習，那是另一個陸空聯訓的演習。這種任務其實非常輕鬆，參加任務的飛行員只要在警戒室待命，當作戰司令部收到陸軍請求空中支援的訊息後，下令待命警戒飛機緊急起飛，前往演習地點，與地面的空聯官取得聯絡，然後在他的指引下飛幾個模擬攻擊航線，就功德圓滿。

八點前幾分鐘，陸軍在最後時刻通知空軍取消這兩個陸空聯訓的任務。為了能有效運用這四架已經準備妥當的飛機，作戰科臨時決定將這四架飛機合成一個編隊，即刻起飛去執行一項戰術訓練，由羅宏新擔任長機，李以寧那批就變成三、四號機。

既然兩批合成一批，僚機的順序就有了問題，因為按照空軍傳統，二號機是由最資淺的人員擔任，而這一批四個人裡面，吳宗生的期別最低，李以寧比王迺斌高一期，所以羅宏新覺得應該請吳宗生飛二號機，由他本人帶領照顧。但王迺斌卻認為既然作戰室已經如此安排，就不須要再重新更換順序了，免得麻煩。羅宏新聽了也覺得吳宗生雖然資淺，但技術也已成熟，飛四號機也無不可，於是就照著作戰室的安排，不去更換僚機順序了。

這四架F-5A分成兩批起飛後，羅宏新就帶著這整個編隊往東南方飛去，飛在他右後方的王迺斌知道他們將在烏山頭水庫上

王迺斌教官與 F-5A。（王迺斌提供）

空展開他們當天的「戰術訓練」。

戰術訓練有許多項目，然而飛行員們最熱衷的就是ＡＣＭ（Air Combat Maneuvering，空中戰術動作）。那就是在空中的模擬空戰，雖然說是「模擬」空戰，但每個飛行員都把這個訓練當成真正的空戰纏鬥，渾身解數的將所有本領都使出來，就是要想方設法將自己的飛機飛到對手的後方，並將對手咬住，讓他無法逃脫。這樣一旦日後與敵機相遇，就能將所練出的一身本領用上，而處於不敗之地。

王洒斌記得自己在完成部訓隊訓練，剛到九中隊報到時，九中隊還在使用Ｆ－86軍刀機。當時的作戰長趙人驥少校就常親自帶著他們這群菜鳥飛行員們去做ＡＣＭ訓練。趙教官通常會讓新進飛行員們開始時就飛在他自己的尾部六點鐘位置，然後看看新進的飛行員能否在開始纏鬥後繼續將他咬住。照理說這時只要跟著趙教官的每一個動作，沒有理由不把他咬住。但趙教官總能在開始纏鬥的第一個回合就將後面跟著的新進飛行員甩掉。王洒斌永遠不會忘記那次自己跟在趙教官後面，耳機中剛傳出趙教官的聲音「開始！」，就見趙教官的飛機拉起來做了一個大Ｇ右**桶滾**，自己剛跟著拉起來還沒半圈，趙教官的飛機就已轉到自己後面，耳機中隨即傳來趙教官的聲音：「回去俱樂部橘子水一杯！」那是起飛前的約定，輸的人要請贏的人一杯橘子水。

輸了一杯橘子水事小，但這卻激起了王迺斌「有為者亦若是」的心態。他在飛行時無時不刻的在琢磨，如何運用飛機發動機的推力與飛機各個操縱面對氣流的影響，讓飛機能與他的思緒同步，真正達到如趙人驥教官那樣「人機一體」的境界。

有時王迺斌也由一些錯誤中學到寶貴的經驗。有一次他見到李學禮教官在登機後，將安全帶及肩帶拉得很緊。看

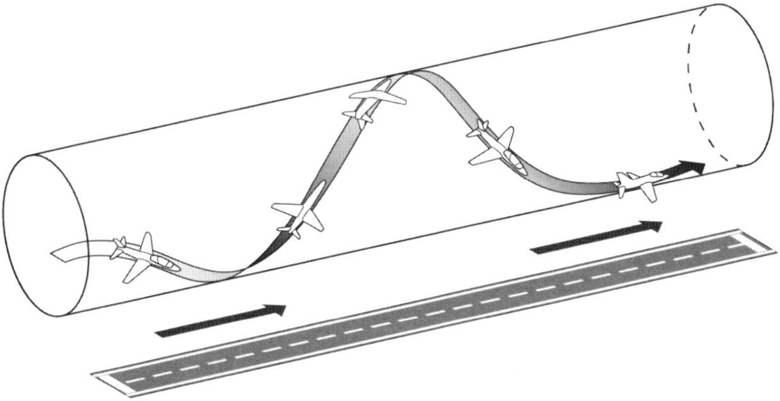

桶滾動作　桶滾是飛機在縱軸和橫軸上進行完整的旋轉，使飛機沿著螺旋規律轉動，但保持其直線前進方向。（林書豪 繪）

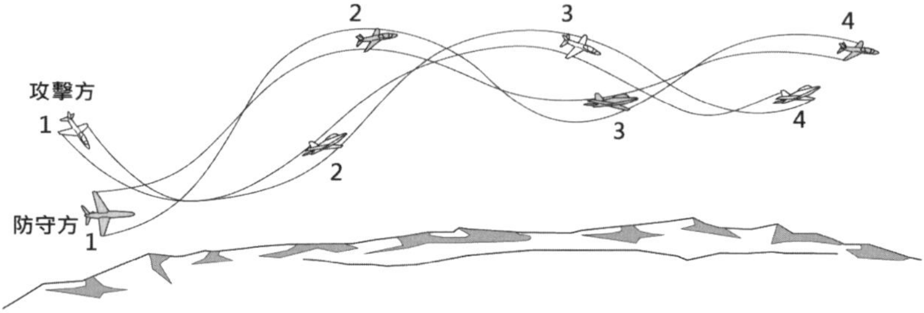

剪形動作　兩架飛機不斷地做出轉彎與反轉的動作，目的是將自己的飛機轉到敵機的後面，這樣就可以瞄準敵機開槍。（林書豪 繪）

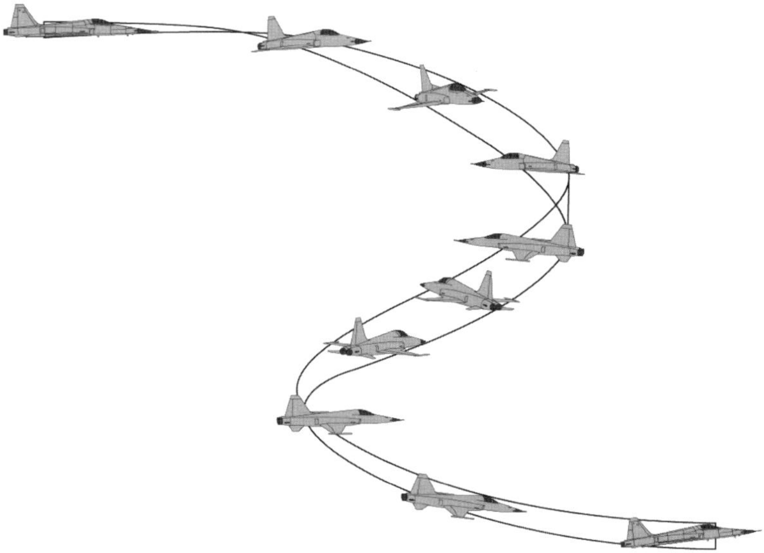

水平螺旋　一般螺旋都是失速後機頭朝下，以螺旋狀態下墜。而水平螺旋則是飛機保持水平姿態，以螺旋狀態下墜。（林書豪 繪）

在王湎斌眼裡，那已經緊到似乎都要無法呼吸了，當時他並不了解其中的用意。直到另一次他與趙人驥教官進行模擬空戰，兩人在劇烈的**剪形動作**中，越飛越慢，空速都已接近失速。在一個急轉彎中王湎斌將駕駛桿拉得太猛，而那時他也正蹬下左舵，飛機頓時失速，並進入**水平螺旋**。一時之間失速下墜所造成的負G狀態將他甩到座艙的右上方，他的頭頂著座艙罩，整個人浮在座艙裡，雙手完全無法抓到駕駛桿及油門推桿，腳也踏不到舵的踏板。這時他注意到高度錶的指針正通過七千呎的刻度，並繼續像風車似的在快速反轉著，面對這無解的狀態，王湎斌腦中只想著：「完了！」幾秒鐘之內他就將在地面砸出一個大坑了……

然而，卻因為一個到五十多年後都始終不知道的原因，他的F－86突然自己由水平螺旋中解了出來。他再度坐回座椅上，迅速抓住駕駛桿。就在他想將桿猛力拉回，把飛機由俯衝中改出來時，想起了另一位教官曾告誡過他，剛由螺旋中改出後，「切忌猛然帶桿」，因為這樣很可能再度進入另一個螺旋。於是他耐住性子，柔和地將駕駛桿拉回，飛機幾乎是以貼著樹梢的高度由俯衝中改出。

經過這次與死亡擦身而過的經歷後，王迺斌不但了解了當初李學禮教官為什麼將肩帶及安全帶繫得那麼緊，他自己日後在進入座艙後，也總是將安全帶及肩帶拉得很緊、很緊，絕對不容許有任何鬆弛的空間。

而在這同時王迺斌也學到了飛行時必須了解自己的能力，絕對不要去做一些自己無法勝任的動作，因為那是在與自己的生命開玩笑。而他在後來帶飛新進飛行人員時，也一定將這心得分享出去。

經過這樣的體驗及練習，在短短幾年之間王迺斌竟能因飛行技術優良而被選入素負盛名的雷虎特技小組。

那四架飛機在羅宏新的率領下很快就飛到烏山頭水庫上空，由兩萬多呎的空中下望，湖泊似的水庫中穿插著許多島嶼般的陸地，形成了蜿蜒曲折如珊瑚般的湖岸線，非常壯觀。

羅宏新在無線電中非常簡單的說：「Star[1]分開！」，說完之後他立刻向右拉開，王洒斌緊緊跟在右後方。李以寧在那同時也帶著吳宗生向左拉開，兩批飛機各以三百多浬的真空速向著相反的方向飛去。

一分鐘之後羅宏新又說了聲：「迴轉。」兩批飛機隨即各自調轉機頭，對著對方的飛機衝去。

一場驚心動魄的空中纏鬥即將在烏山頭水庫上空展開！

當時兩批飛機相距大約十五浬左右，王洒斌瞇眼向前看著，但是那天因為空中有些碎雲，在那麼遠的距離實在很難看到F－5A那麼小的飛機。不但飛機小，飛機尾部所噴出的黑煙也非常淡，所以在藍天白雲間真是不容易找到那兩架飛機。

突然，王洒斌在遠方天際注意到了一道一閃即逝的閃光。他知道那一定是機身在某個角度下被太陽照到時所產生的反光，趕緊對著那個方位仔細尋找。很快地，就看到了那正對著他們衝來的兩架飛機。

「Bogey 11 o'clock high!（敵機在左前方高處！）」王洒斌對著無線電

---

1 作者註：Star 是羅宏新的呼號。

說道。

「Tally Ho!（目標已目視！）」長機羅宏新聽了王迺斌的報告後，很快的也看到了那兩架飛機，於是簡單地回覆，並將飛機對著左前方飛去。

兩批飛機很快的對頭通過，就在通過的當兒兩批飛機都不約而同地拉高機頭並向對方轉去。王迺斌緊拉著駕駛桿，跟在長機後面快速的爬升，他咬著牙，緊緊握住駕駛桿的手因過於用力而顫抖，終至酸麻。而此時他也可以看到李以寧的飛機正拼了命似的在爬升中，想轉到羅宏新教官飛機的後面。但羅宏新始終很優雅的操縱著飛機，讓飛機一直保持在李以寧的右前方，一個讓李以寧跟不住的位置。

纏鬥過程中空速及高度都喪失得很快，李以寧的飛機在拉升及急轉中，空速低過了失速的速限。機頭一低，飛機就這樣失速掉了下去，他將油門桿前推，飛機在發動機推力及地心引力的作用下開始加速，很快就脫離了失速的狀況。

飛在高處的羅宏新看著李以寧拉起機頭重新開始爬高，於是做了一個**破S**，對著他俯衝下去。而此時王迺斌還是跟在羅宏新的右後方約五百呎處，他除了緊跟著長機之外，也注意著李以寧的僚機吳宗生，不能讓他有任何機會接近自己的長機。

羅宏新這一批由高處俯衝而下，在接近李以寧的飛機時，他放出減速板並向左轉，這樣當兩批飛機交會後，羅宏新的飛機已經由俯衝中改出，並轉向李以寧的尾部，而李以寧此時也發現了羅宏新的企圖，於是也開始反轉。兩批飛機進入了另一場剪形纏鬥。

吳宗生那時跟在李以寧的左後方，見到企圖轉到李以寧後面的羅宏新，於是也跟了上來，想轉到羅宏新的後方，沒想到王迺斌比他快了一著，已經衝到他的七點鐘位置。吳宗生為了自保，只

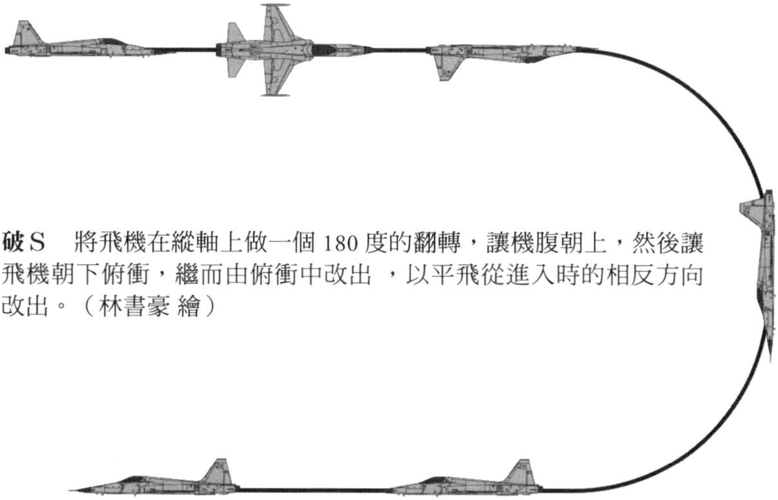

破S　將飛機在縱軸上做一個 180 度的翻轉，讓機腹朝上，然後讓飛機朝下俯衝，繼而由俯衝中改出，以平飛從進入時的相反方向改出。（林書豪 繪）

得向左急急拉開，但王迺斌卻緊緊跟在後面，讓他無法脫身。

四架飛機瘋狂的在空中互相追逐著，似乎真把對方的飛機當成了敵機，一定要爭個你死我活才善罷甘休。

經過幾個回合的纏鬥之後，四架飛機已經飛到了烏山頭水庫北邊白河一帶的山區上空，而且高度都已相當的低了。這時李以寧的飛機正對著羅宏新衝來，就在接近到不遠處時，李以寧突然做了一個大G動作，對著羅宏新的尾部轉去，那個動作之大、之猛，讓王迺斌看得心中為之一驚，畢竟那時的高度太低，這種大G的急轉彎會喪失許多高度⋯⋯

「停止！」王迺斌的耳機中傳來了長機羅宏新的聲音，原來羅宏新也看到了李以寧的那個激烈動作，連忙喊停，不希望在低高度做如此大G的動作。

喊停之後，羅宏新與王迺斌兩人立刻停止了閃避的動作，恢復平直飛行，但當時的高度實在太低，所以他們必須小心爬高避過前面的山頭。就在他們通過那小山頭後不久，王迺斌就在耳機中聽到了一個令人毛骨悚然的聲音，「哦⋯⋯哦⋯⋯」。

王迺斌聽了後直覺意外已經發生了，他猛地轉頭向飛機後面看去，只見一縷黑煙由那個小山頭升起，一股想吐的感覺立刻衝擊著他。

三、四號機中有一個人已經天人永隔，人鬼殊途了。

「是哪一個？」王迺斌心中雖然悲痛、驚悚，但他必須搞清楚後面的兩架飛機中是哪一架撞上了山頭。

「是三號機！」吳宗生微微顫抖的聲音由耳機中傳出。

其實即使吳宗生不說，羅宏新也知道是李以寧撞上了山頭，因為他與李以寧之間的私交甚密，所以羅宏新一聽到之前的那聲慘叫，他就知道是怎麼一回事了。

「Star four，你跟上來。」羅宏新輕輕的對著無線電說道。

吳宗生的飛機由後面緩緩的向羅宏新與王迺斌的兩架飛機接近，並編在羅宏新的左邊。三架飛機在寂靜中飛回台南空軍基地。

那三架F－5A回到台南基地上空，衝場解散時，在飛輔室當值的崔靜之少校看到少了一架飛機，覺得奇怪，於是在無線電中問道：「Star lead，怎麼只有三架？」

羅宏新聽到了這個問話，但沒有回答，崔靜之教官又問了一遍，王迺斌見到長機沒有回答，於是很簡單的在無線電中說道：「Let's talk later（我們等一下再談）。」

崔教官聽了之後，立刻了解發生了什麼事，他馬上通知中隊、大隊及聯隊相關人士。當那三架飛機落地滑回停機坪時，包括聯隊長在內的一批人都已在那裡等他們了，每個人都是緊繃著臉，心情沉重。

在中隊作戰室裡，王迺斌將不久前烏山頭水庫上空所發生的事做了詳細的報告。在座的每個人聽了之後都知道，在大G劇烈動作後，高度喪失太快，使他無法避過那個小山頭，如果當時做那個動作時的高度高個幾十呎，很可能就有不一樣的結果。

那天李以寧在最後拉那一桿時，沒有想到當時的高度已經不容許他做那個動作了。只想著轉過來了之後，就可以咬住羅宏新的尾巴，如果那天是真實空戰的話，他將會擊落那架來犯的敵機。

然而，人生沒有如果。李以寧為了讓技術能更臻成熟，卻在決定自己命運的那千分之一秒，誤判了飛機的性能！

當天中午，王迺斌再度走進餐廳，看著上午他曾坐過的那張桌子，心中突然一陣揪痛，腦海中卻想起了烏山頭水庫附近山頭的那縷黑煙，李以寧是不會再拿女朋友的事開他的玩笑了……

飛機故障——殷長明長空歷險機腹迫降

一九七〇年十一月十九日清晨七點，新竹空軍基地的空勤餐廳內已經擠滿了人。三個中隊的飛行員本來就不少，再加上二十幾位剛由官校五十一期畢業，被派到四十四部訓隊的受訓學官，更是將餐廳擠的水泄不通。正坐在裡面用餐的殷長明上尉看見門口有幾個人在等位子，於是趕緊將碗裡的豆漿喝完，然後抓起吃了一半的饅頭站了起來，將位置讓出。

殷長明走出餐廳之後，對著四十四中隊作戰室走去。其實他並不是部訓隊的教官，而是十一修補大隊的試飛官。最近因為部訓隊的受訓學官太多，中隊原有的教官忙不過來，於是商請殷長明前來助陣。

那天殷長明被排到的任務是一個相當輕鬆的單飛伴隨任務。梁志明中尉學官已經完成了兩次F－86軍刀機的單飛，這是他的第三次單飛，殷長明就是被指派隨伴他這趟單飛。

回到作戰室後，殷長明教官開始對梁志明中尉做任務提示。其實這種單飛任務非常單純，起飛之後左轉飛往指定空域，在那裡做一些基本的大、中、小轉彎性能科目，然後就返場落地，整個過程大約半個鐘頭左右。在做完任務提示之後，殷長明隨口問梁志明在不同狀況下發生緊急狀況時，該如何處理，梁志明很快做出了正確的回答，這表示他真是很用心地將這趟飛行計劃做得盡善盡美。看著他的表現，不禁使殷長明想起了自己剛到隊時的情形，那時真是在夢中都會默誦著操作程序，就是怕在飛行中發生狀況時，不能及時正確的處理。如今看著學官敬業的精神，他知道薪火已經承傳下去了。

在停機坪登機前，殷長明也隨著梁志明圍著那架軍刀機做起飛前的三六〇度檢查。在檢查的時候，殷長明也將自己對這型飛機的了解，指出了一些手冊上沒有，但是卻應該注意的地方。他希望能將自己的這些經驗分享給梁志明，讓他避免重複前人所犯的錯誤，而圓滿完成每次的飛行。

八點四十分，殷長明與梁志明的兩架飛機依序滑出停機坪。雖然殷長明是教官，卻滑在梁志明的左後方，這樣他就可以確實觀察到梁志明的動作，並在必要時給予指導。

兩架飛機進入跑道時，殷長明看著梁志明的飛機在跑道左側停妥，自己隨即將飛機擺在跑道右側。梁志明在試大車並用無線電與塔台聯絡，請求起飛許可時，殷長明不經意的向右看了一下，就在那時他與正在跑道頭飛輔室裡值勤的教官目光交會，那位教官看著坐在座艙裡的他，臉上沒有什麼表情，但是就在那一霎那，殷長明想起了多年前他還在桃

殷長明上尉於 F-86 軍刀機前。（殷長明提供）

園五大隊時的一段往事……

殷長明很清楚記得那是一九六四年的十二月十八日，他與一位分隊長在飛輔室執勤。那時桃園基地除了駐有五大隊之外還有六大隊及獨立三十五中隊，因為每個部隊所使用的飛機不同，因此當任一部隊有任務時，那個部隊都會派一位教官及一位值日官到飛輔室執勤[1]，只是當三十五獨立中隊的U－2出任務起飛與落地時，機場停止所有其它飛機的起落，飛輔室裡也只有三十五中隊的教官在那裡。

那天下午兩點，六大隊的郭聖先教官開著吉普車來到飛輔室。他進來之後，隨即與大家打了聲招呼，然後就在那個大窗戶前坐下。不一會兒，一架RF－101就滑進跑道，殷長明看著那架巫毒式，覺得它真是一架大飛機，比他所熟悉的F－86軍刀機大多了。就在那時，RF－101座艙裡的飛行員往飛輔室這邊看來，他的目光與殷長明四目交接，因為那位飛行員戴著頭盔及氧氣面罩，殷長明根本看不出來他是哪一位，再加上那位飛行員很快地將頭轉向正前方的跑道，所以當時殷長明並沒有將那短暫的目光交接記在心上。

那架巫毒機起飛半個多鐘頭之後，郭聖先教官接到一通電話，殷長明注意到他的臉色突變，然後簡單地說了一句：「好，我馬上回去。」說完立刻起身，沒有與其他人打招呼就匆匆走出飛輔室，開著他的吉普車離去。

與殷長明同在飛輔室裡的那位分隊長，見到這情況後告訴他：「那架巫毒偵察機大概出狀況了。」「怎麼說？」剛到隊僅一年的殷長明隨口問了一句。

「郭教官該在這裡等那架么洞么回來的，你看他接到電話時的臉色都變了，又匆匆趕回中隊，我認為一定是那架飛機出事了。」分隊長將事情分析給殷長明聽。殷長明聽了後正想再問些問題時，分隊長又對著他說：「回去不要談這件事，不關我們事最好什麼都不管，免得有麻煩，知道不？」殷長

1 作者註：五大隊的飛機是F－86軍刀機，六大隊的飛機是RF－101巫毒式偵察機，三十五獨立中隊則是使用U－2高空偵察機。

明聽了點點頭，將想問的話嚥了回去。是的，他了解在軍中不該知道的事最好別問。

幾天之後，隊上有些人提到，有架么洞么被共軍擊落了，謝翔鶴教官生死不明[2]。殷長明聽了之後立刻想起了與謝教官四目交接的一幕。那是他第一次經歷一位認識的人在作戰中被擊落失蹤，這對年輕的他來說是相當大的衝擊。官校畢業時的那句「誓死報國不生還」，以前只認為是一句口號，但在那時他才意識到，原來在這個看似和平的環境下，作為一個軍人，竟是與死亡那麼的接近！

「Ronson Flight[3], clear for take off.」想到這裡時，耳機中傳來了塔台准許他們兩架飛機起飛的許可，梁志明的飛機隨即開始滾行。殷長明緊跟著將油門推滿，他的這架飛機也開始前衝。

兩架軍刀機起飛後，通過頭前溪上空後繼續爬升，在五千呎高度時，梁志明按照計劃向左壓坡度對著台灣海峽上空的訓練空域飛去。殷長明緊跟在他的左後方，仔細注意著他的轉彎坡度、速度及高度的保持。

殷長明當時是採取密集編隊的方式飛在僚機的位置，梁志明的機翼就在他左前方約三呎的地方，翼尖的綠色航行燈看得清清楚楚，看著那枚綠燈，殷長明突然想到了另一次的夜間飛行任務……

那是一九六七年九月二十一日，那天他所屬的四十一中隊排了八架飛機進行夜航任務。那也是他成為兩機領隊後的第一次夜航任務，所以在感到興奮的同時，也領悟到負有相當的責任。

夜航時如果天氣晴朗無雲又有月光的話，其實是比白天飛行還要輕鬆，然而那天不但天陰而且是低雲。因此在任務提示時總領隊夏繼藻少校特別的要求所有僚機必須全程採取密集編隊。F－86軍刀機並沒有雷達的配備，也

2 編註：空軍少校謝翔鶴教官，在浙江沿海執行偵照任務時被共軍擊落、俘虜。後被監禁、勞改長達二十年之久，原以為已經殉職，直至一九八四年才獲釋，始知尚在世，一九八五年返台。在抑鬱二十六年後，終於二〇一一年，獲得平反並獲頒獎章追認其貢獻。

3 作者註：Ronson 是殷長明的呼號。

不是架全天候的戰鬥機，夜間飛行時全靠儀器引導，而如果每架飛機的飛行員都低頭看著儀錶飛行，勢必無法保持編隊的隊形完整，因此四機編隊時，僅有長機一人照著儀器的指示方向飛行，三架僚機則是由起飛到落地都必須緊緊地跟著長機。

那天日落的時間是五點五十二分，八位飛行員搭著吉普車抵達停機坪時已是近六點。在落日餘暉下所有的飛行員將他們的座機檢查妥當，並陸續進入座艙。

那天的八架軍刀機是分成兩個四機編隊，第一批四架的長機是夏繼藻少校，二號機是王根樹中尉，三號機是高惟禮上尉，四號機是王建國中尉。第二批四架飛機的長機是徐木昇少校，二號機是林煜中尉，殷長明是三號機，他的僚機是陳正雄中尉。

殷長明在座艙中將飛機的電門打開，並由站在機前的機工長比著「ＯＫ」手勢下，將引擎啟動，一聲巨響隨即由機尾處傳來，儀錶板上的各個指針也像是由睡夢中驚醒似的匆匆指到它們該指的地方。他很快的將那些儀錶看了一下，沒有任何異常的狀況。飛行了多少年，這些飛機從來沒有出過什麼大問題，因此他對軍刀機是有著相當的信心。

殷長明的耳機中傳來他的長機徐木昇少校要求每架僚機檢查無線電的聲音，他在聽到二號機林煜中尉報到之後，也跟著按下油門手柄上的發話按鈕，並說出：「Three Radio OK.」然後他也聽到了僚機陳正雄中尉熟悉的口音：「Four Radio OK.」夜航時無線電的正常運作是任務達成的關鍵之一。

六點三十分，天已全黑，八架飛機依序由停機坪滑出，順著滑行道對著05跑道緩緩滑去。殷長明在滑行的時候，抬頭往上看了一下，只見夜

王建國中尉（左）與夏繼藻少校兩位教官於澎湖海濱，兩個星期後王建國中尉即在夜航時撞山殉職。（殷長明提供）

幕一片黑暗，完全看不到任何星星，月亮也毫無蹤跡，這表示頭頂的雲層很厚。他頓時了解這將是一次相當艱難的夜間飛行，下意識地將肩帶再拉緊了一些。

第一批的四架軍刀機進入跑道時，第二批的四架就在跑道頭的四十五度邊停妥。殷長明回頭看了一下他的僚機，但是在耀眼的航行燈下，他根本看不見僚機座艙裡的陳正雄。雖然看不見，但他相信陳正雄跟自己一樣已經準備好了。

六點四十分，第一批的四架飛機分成兩批以五秒鐘的間距開始起飛滾行，緊接著徐木昇少校帶著他這一批四架飛機進入跑道。他領著二號機進入跑道後停在中間靠左的位置，殷長明帶著三號機停在跑道中間靠右的位置。

四架飛機剛在跑道上停妥，殷長明就在耳機中聽見總領隊夏繼藻少校的聲音：「不到一千呎就進雲了，Summer[4] Three，你跟上沒有？」

「Summer Lead，我看不到你。」高惟禮上尉隨即回答。

「Summer Three，保持五千呎爬升率，雲上集合。」

聽到第一批飛機之間的對話後，殷長明立刻想起了剛才在任務提示時，氣象官報告一千五百呎密雲，而現在夏繼藻在不到一千呎的高度就已進雲，表示天氣正在迅速惡化中。如果氣候繼續惡化，在他們返航時機場就很有可能關閉，那麼勢必要轉降外場，這是他不願意見到的後果。

就在這時徐木昇少校與二號機林煜中尉的飛機開始起飛滾行，於是殷長明低頭注意自己的手錶。五秒鐘之後，他按下通話按鈕，簡單的說出：「Go！」並同時將油門推滿，鬆開煞車。J－47噴射發動機發出了一陣低沈的吼聲，軍刀機在六千磅的推力下開始向前衝去，陳正雄的飛機緊跟在他的右後方。

殷長明在飛機離地後，看著在前面那兩架飛機正在左轉，於是他帶著四號機切入內圈，與長機及二號機完成編隊。

徐木昇見四架飛機編好隊之後，帶起機頭開始爬高，就在飛機帶起機頭的瞬間，四架飛機立刻進雲。

當時殷長明只覺得前方一片漆黑，原先還可以見到的長機外型輪廓，已

4 作者註：Summer 是夏繼藻的呼號。

經無法辨識，唯一可以看到的就是在他左前方約五呎的那枚綠色航行燈，他全神貫注地盯著那枚航行燈，保持著兩機之間的距離，繼續在雲中爬高。

飛機在兩萬呎左右出雲，但即使出雲後，能見度還是不好，因此殷長明依然不敢放鬆心情，繼續緊盯著那枚綠色的航行燈飛行，只是這時他可以偶爾將視線轉到後視鏡，由那裡去觀看僚機是不是緊跟著自己。令他感到欣慰的是陳正雄始終飛在密集編隊的位置上。

那天除了能見度低之外，氣流也相當不穩，飛機在雲中上下不停的顛簸著，殷長明覺得自己就像是騎在一隻待馴的野馬背上，他只有緊抓著駕駛桿，盡量將飛機保持在編隊的位置上。

在飛行途中除了氣流及能見度外，耳機中還不斷傳來夏繼藻少校與高惟禮之間的通話。夏繼藻似乎對高惟禮始終無法完成編隊感到不耐，但殷長明了解那是因為夏繼藻在完成編隊前就已進雲，使高惟禮無法跟上，是氣象預報差誤的緣故，並不完全是高惟禮的錯。聽了他們之間的這些對話，殷長明不禁要感謝徐木昇少校，在起飛後刻意在雲下等他集合，要不然他很可能也無法順利與長機編好隊形，因為天氣實在不好，能見度也太低。

當八架飛機飛到台南附近時，戰管引導他們向左迴轉，開始對著新竹基地返航。那時的氣候似乎再度惡化，飛機分分鐘都在大幅度地跳動，長機翼尖的綠色航行燈是殷長明唯一的指示，他的右手下意識的跟隨著那枚綠色航行燈的跳動，推拉著駕駛桿。在這同時他又必須不時的瞄一下後視鏡去確定自己的僚機還在位置上，沒有跟丟。

當八架飛機接近台中清泉崗基地時，殷長明抽空低頭檢查儀錶，他突然發現飛機正根據ＡＤＦ（自動定向儀）的指示對著五〇度的方向飛去，他立刻覺得航向有偏差，因為新竹基地是在清泉崗基地的二十五度方位。除非他們當時已被風吹離本島，飛在海峽上空，要不然新竹基地不可能在他們的五〇度方位！如果他們繼續對著五〇度飛去的話，他們勢必很快地就飛入山區，那麼在降低高度預備降落時，一定會撞山！

發現這一狀況後，殷長明立刻通知長機徐木昇少校，徐木昇少校聽了之後同意他的判斷，於是馬上要求戰管替他們定位，戰管很快地告訴他們當時是飛在清泉崗基地的東南方，新竹基地是在他們二〇度的方位。得到戰管的指示後，徐木昇少校修正航向，重新對著新竹基地飛去。

幾分鐘之後，飛機已經接近新竹機場，長機開始與新竹塔台聯絡，並開始接受GCA（地面管制進場）引導。而地面管制進場每次只能引導兩架飛機進場，於是殷長明帶著四號機飛了一個待命航線，等長機與二號機落地之後，再接受管制進場。

那時新竹基地的氣候比他們起飛時更糟，雲底已經降到三百呎左右，等到殷長明開始接受GCA引導進場時，他全神貫注著他的儀錶，按照GCA的指示向新竹的05跑道飛去。當高度下降到四百呎左右時，他突然聽到僚機叫了一句：「Woody[5] Three你在側滑！」

殷長明一聽就知道陳正雄發生錯覺了，並趕緊告訴他：「Woody Four，你跟緊，馬上就要出雲落地了。」然而他話剛說完，眼角的餘光就看到陳正雄的飛機向右拉開了，他暗叫不好，而自己的飛機那時剛好出雲，跑道兩旁的燈光像兩串珍珠似的在眼前展開，於是他繼續下降高度，做了一個很平穩的落地。

殷長明在兩個主輪觸地之後，鬆了一口氣，想著這一個多小時的雲中曼波終於告一段落，但隨即他立刻想到了自己的僚機，在落地前拉開的僚機現在飛到哪裡去了？他在第一次帶著僚機飛夜航時就把僚機給弄丟了，這該如何是好？

「Woody Four，你在哪裡？」殷長明按下油門上的通話按鈕，呼叫陳正雄。

「我出雲了，大概是在新竹上空，但我找不到機場。」陳正雄的聲音有些緊張。

就在那時，剛滑離跑道進入滑行道的殷長明看到他右前上方的夜空中有一架飛機，他立刻知道那就是陳正雄的飛機，於是他呼叫陳正雄：「Woody Four，機場就在你的左下方！」

「哎呀，看到了！」陳正雄說完，立刻將飛機向右拉開，隨即再反轉回來，飛了一個**淚珠航線**，直接對著23跑道順風落地。殷長明雖然覺得這樣落地不符合程序，但在當晚的狀況下，能安全落地已屬萬幸，他就不忍苛責了。

殷長明及陳正雄兩人將飛機滑回停機坪停妥，回到作戰室，準備與其他

5 作者註：Woody是徐木昇的呼號。

幾位參與這次夜航的飛行員做任務歸詢時，才發現高惟禮與王建國兩人還沒落地。

戰管的雷達上看不到那兩架飛機，其它的機場也沒有這兩架飛機落地的消息，殷長明在作戰室裡覺得裡面的空氣越來越凝重，他走出屋外，點起一支煙，望著黑暗的夜空，心中浮起一絲不安的感覺……

第二天清晨，竹東的派出所傳來有兩架軍機在山區撞山的消息，殷長明一聽立刻想到他在回航途中發現ＡＤＦ指示錯誤的事，他覺得高惟禮飛機上的ＡＤＦ一定發生與他相同的狀況。顯然自己的運氣比較好，在關鍵時刻低頭看了一下，而他更知道飛行是不能靠運氣的！

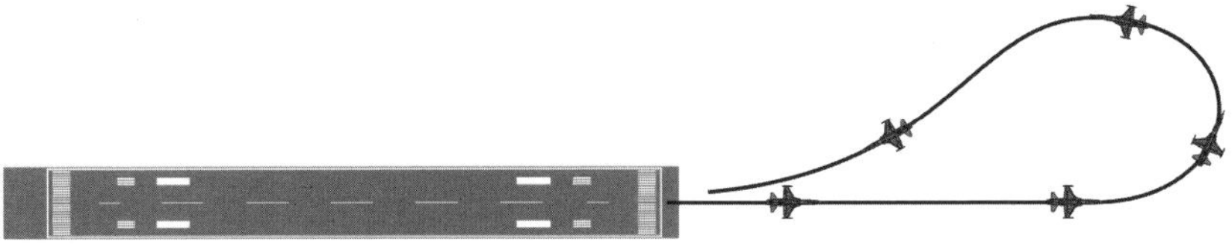

淚珠航線　飛機由跑道頭開始，飛一個類似淚珠型的航線，目的是盡快回到跑道上落地。（林書豪 繪）

雖然腦子在回想著這些往事，但飛在兩萬多呎高空的殷長明卻也沒忘記這次飛行的任務是伴隨梁志明單飛，他一直緊跟著梁志明的飛機在空域裡進行基本的性能課目。

很快地梁志明已經將單飛性能課目做完，於是他向戰管報告後，開始向新竹基地返航，殷長明緊緊跟在他的右後方。

兩架軍刀機放下起落架後由外海對著新竹機場下降高度，殷長明很小心地注意著梁志明的空速及他飛機的外型，落地是單飛考核時非常重要的一環，他必須確定梁志明遵從所有的程序安全將飛機落在跑道上，這次單飛才算圓滿完成。

「好落地！」飛輔室裡的教官看著梁志明的飛機主輪輕輕擦上跑道，拖出一縷白色的青煙後，發出讚揚之聲。

看著梁志明的飛機安全落在跑道上後，殷長明將油門推上，順手將起落架手柄拉上，並將駕駛桿向後帶。飛機以一個很優美的姿勢開始爬升，他要重飛一個航線後再落地。

殷長明在爬升的時候看著在翼下逐漸縮小的城鎮，心中充滿了豪放的感覺。他實在很欣賞F－86的性能，尤其是在他已有了近兩千小時的飛行經驗之後，更是覺得可以將飛機融入自己的身體，似乎用思緒就可以控制這型飛機，因此他真是非常喜歡與珍惜駕馭軍刀機的機會。

飛機爬到一千五百呎後，殷長明將駕駛桿向左壓下，讓飛機以一個小轉彎通過二邊進入三邊。這時他再度將起落架的手柄拉下，很快地感覺到起落架已放下鎖好，然後他習慣性的低頭看了一下起落架的指示燈，然而他並沒有看到期望中的三個綠燈，左起落架的指示是幾條斜槓，表示左起落架並未完全放出鎖好。

看著那斜槓的指示，殷長明先是懷疑是否指示燈壞了？因為前幾分鐘他在伴隨梁志明落地時，起落架還沒有問題。而這次他在放起落架時也確實感覺到起落架已經放下鎖上，於是他與飛輔室聯絡，表示左起落架顯示異常，他將低空慢速通過跑道上空，請飛輔室的教官們替他看一下左起落架是否放下。

殷長明在加入五邊後，將減速板放出，襟翼放下，然後將飛機保持在比失速稍微高的速度，對著跑道飛去。在剛通過跑道頭後，他就聽見耳機中傳出飛輔室教官的聲音：「Ronson，你的鼻輪及右主輪都已放妥，左起落架及輪艙門沒有放下。」

殷長明聽到自己飛機起落架的狀況後，頓時頭皮一陣麻，剛才才想著飛這型飛機是一種享受，這麼一轉眼這飛機就給自己出了這麼個狀況。

當時他做的第一個處置就是順手將起落架緊急釋放手柄拉出，希望這個步驟能將左主輪放下，但飛機沒有任何反應。

起落架左主輪放不下來的狀況，說大不大，但卻也是個會讓人頭疼的問題。殷長明根據自己的經驗，知道有幾個選擇：他可以試著用左右劇烈搖擺機翼的動作將左主輪甩出來，如果真能甩下來的話，那將是最完美的結局。如果甩不出來的話，他也可以將起落架收上，用小速度進場，然後用翼下的兩個副油箱來觸地，在劇烈的摩擦下，副油箱的底部與地面磨擦時會產生火花，但不會造成其他的損傷，僅是磨壞兩個副油箱而已。

當然，最壞的情況就是棄機跳傘，但殷長明不覺得情況壞到那個地步，實在沒有必要為了起落架放不下來的故障而將整架飛機摔掉。

有了這幾個腹案之後，殷長明將駕駛桿帶回，讓飛機爬高到六千呎的高度。在爬高的過程中，他又拉了緊急釋放手柄幾次，想試著將卡在那裡的左主輪放下，但就像第一次時一樣，一點反應都沒有。

飛機爬到六千呎高度後，殷長明將駕駛桿用力的左右搖動，飛機隨著駕駛桿的搖動開始在空中劇烈的左右擺動。這樣擺動了幾次之後，左主輪不但沒有釋出，飛機的那具J－47發動機卻開始作怪。轉速開始不規則的上下跳動，導致發動機的推力時大時小。如果不是被肩帶緊緊拉住的話，殷長明的頭很可能在第一次推力減小時就撞上儀錶板。

他知道現在自己遇上比左主輪無法放下更大的麻煩了。目光很快地掃向發動機的幾個儀錶，除了轉速之外、尾溫、壓縮比及燃油壓力全都正常。他不知道是哪一個環節出了問題，但是知道自己必須在情況進一步惡化之前盡快落地。他順手將發動機供油系統轉到緊急系統，希望這能讓發動機的運轉情況好轉，但似乎沒有什麼作用。

既然左主輪還是無法甩下，殷長明決定將起落架收上，用翼下的兩具副油箱擦地的方式落地。於是他伸手將起落架的手柄拉上，然後調轉機頭對著機場飛去。然而就在這時他發現起落架又有了新的狀況！這次是鼻輪沒有收上。

相較於之前的左主輪無法放下，鼻輪無法收上已經不是個太大的問題，因此殷長明這時並沒有太注意鼻輪的狀況，而專心的操縱著飛機對著機場飛去。

飛機發動機轉速時大時小的狀況沒有維持多久，發動機就突然「咻……」的一聲熄火了。頓時殷長明覺得四周安靜得可怕，他低頭看著儀錶板上的許多指針都開始往逆時鐘方向旋轉，其中他最在意的就是高度錶，那時指針正通過五千五百呎的刻度，並快速地降低著。飛機幾萬磅的重量，在失去了發動機推力後，就成了「自由落體」，他雖然已經忘記當初在物理課所學的那個公式，但是他知道如果控制不妥的話，這架飛機很可能就會在幾分鐘內在地上砸出個大坑！

平時熟記的「空中重新開車」的步驟這時派上了用場，殷長明根據記憶中的程序在座艙中將油門收回到慢車的位置，再扳動幾個電門，試圖將發動機重新啟動。但是發動機絲毫沒有反應，而此時高度已經低於五千呎。

面對這新的狀況，殷長明想著今天不知犯了哪個星座，哪個太歲，怎麼這些狀況都一下子湊到同時發生了？幾分鐘之前他心裡想著情況還沒有壞到要棄機跳傘的地步，沒想到轉眼間情況就已惡化到要考慮跳傘的時候了。

飛輔室的教官知道殷長明在起落架故障的同時，發動機又熄火之後，立刻指示他跳傘。但那時飛機已經接近跑道頭的正上方，那是熄火迫降航線的高關鍵點，殷長明知道他當時的高度已低過高關鍵點，但是速度尚有三百五十浬。他衡量了一下整體的狀況後，決定不跳傘並繼續用熄火迫降航線進場落地。

殷長明非常小心地操縱著飛機以剩餘的速度，循著迫降航線下降，當他通過低關鍵點時，高度雖然還是偏低，但他根據情況判斷，已有完全的信心可以飄滑進場。

在接近跑道頭時，殷長明看見消防車及救護車已經在跑道的四五度邊排好。他知道在通過跑道頭後，那些車輛將會進入跑道，緊追著他而來，有了這層安全的保證，他的心就更篤定了。

「熄火迫降航線，寧高勿低」，這是在官校學飛時教官就強調的概念。殷長明在進入五邊對正跑道時，他低頭瞄了一下儀錶，發現速度二百一十浬，高度八百呎，速度似嫌太大，於是將減速板放出，頓時飛機慢了下來，下降率也明顯的增加，看著灰綠色的大地快速地迎面對著他衝來。

飛機在跑道四千八百呎處觸地，因為下降率過高。飛機在觸地後立刻彈起，殷長明下意識的將駕駛桿前推，機頭隨即下垂，鼻輪首當其衝撞在跑道上，這使鼻輪支柱折斷及輪胎爆破，而雙翼下的副油箱這時也因撞擊力的影響而脫離。飛機的雙翼隨即擦在跑道上，在高速的摩擦下拖出一長串的火花。而這時殷長明在

迫降在跑道上的 F-86，可以清楚看見鼻輪已撞斷。（殷長明提供）

座艙中忙著將所有的電門關上，技令上的這些指示他沒有忘記。

飛機在巨大的摩擦力下，在跑道上衝了三千多呎就停了下來，為了怕金屬摩擦所產生的火花火苗引燃主油箱內的餘油，殷長明快速地由座艙中跳了出來。由於飛機的機翼就緊貼在跑道上，因此他由座艙中出來後就跳下了飛機，往跑道邊跑去。跑了幾步後轉頭看著那架趴在跑道上的軍刀機，他這才意識到剛經歷了有生以來最大的風險，幸運的只是有驚而已！

經過空軍總部失事調查小組的仔細調查後，發現左主輪無法釋放的原因是左輪艙門鎖鉤的固定螺桿脫落，導致輪艙門無法開啟，左主輪也無法放下。而那具發動機在拆下後，掛在試車台上試車時一切正常，因此發動機熄火的原因始終沒有定論。調查小組的教官認為有可能是在殷長明劇烈搖擺飛機時，油箱內的剩餘燃油因為油面過低而進油不穩，繼而導致發動機轉速的失常。因此在這次失事案件中殷長明被認定不需擔負任何責任。

狂風暴雨——張光熙暗夜搜尋失蹤艦艇

一九七一年四月五日，整個台灣及附近海域都籠罩在一片低氣壓下。梅雨季節的微微細雨在那天也變成了傾盆大雨，這種天候更讓在清明節行船走馬的旅人有著斷腸的感覺。

這天下午，海軍一艘運輸艦由基隆出海，前往外島執行一項例行運輸任務。那艘運輸艦在當晚十點左右接近海峽中線時，主機發生故障停止運轉。經船上輪機官兵搶修無效後，該艦通知海軍艦隊司令部要求支援，但該艦在報出確實位置前，通訊功能也相繼中斷。

海軍在嘗試了多種方法試圖與該艦聯絡皆無效後，為了怕強烈的東南風將該艦吹到大陸附近，於是在當天午夜通知空軍作戰司令部，要求派出飛機前往該艦最後所知道的位置附近，尋找該艦並回報確實位置，以便派出另艘艦艇前往支援。

空軍作戰司令部於是在深夜十二點半，下令嘉義空軍基地的救護中隊，即刻派出一架HU-16信天翁式水上機前往台灣海峽尋找海軍失聯艦艇。

當天夜裡，在救護隊擔任警戒的HU-16組員是機長張光熙少校、副駕駛金玉生上尉、領航官顧懷民上尉、通訊官郭宏斌上尉，兩位機工長及一位醫務士。當值日官將人員由睡夢中喚醒後，他們看著窗外的天氣，立刻知道不管這趟任務是什麼，都將是一項艱難的任務，因為當夜的天氣就是他們最大的敵人。

機長張光熙少校在了解任務的內容後，開始與領航官規劃航線，同時其中一位機工長已經前去準備飛機，另一位機工長則去檢查飛機上的照明彈是否足夠，因為那是在夜間搜救時必備而且消耗很快的物品。

清晨一點十五分，接到緊急命令四十五分鐘後，張光熙教官及全機組員在傾盆大雨中進入待命的HU-16。當每位組員在機艙內各自的座位上坐妥後，副駕駛金玉生拿出發動機啟動清單，將清單上面的程序逐條唸出，張光熙則聽著那些程序，將左右兩具發動機先後啟動。

張光熙很快檢查了一下儀錶板，確認所有系統都運轉正常後，推上油門同時將煞車鬆開，將這架上單翼的水上飛機滑出停機坪，往跑道滑去。

大雨打在機身上沙沙作響，狂風也將飛機颳得左右亂晃，雨刷的速度已經調到最大，但正前方的窗戶仍然被雨打得模糊一片。飛機進入跑道後，張光熙幾乎無法看清楚跑道的指示燈。看著如此惡劣的天候，他深深的吸了口氣，心中默默地告訴自己，這是一個面對考驗的時刻，他必須全

張光熙教官與空軍救護隊的 HU-16 水上飛機。（張光熙提供）

心以赴的去接受挑戰。他將油門手柄向前推去，兩具R－1820發動機發出了吼聲，快速的螺旋槳也在瞬間將由天而下的湍流打亂，飛機開始在跑道上滾行。

當天因為頂頭風很大，因此飛機很快的就凌空飛起，但幾乎就在那一霎那，整架飛機開始被那強風吹得在空中強烈晃動。

飛機在五百呎左右進入雲中，四周盡是一片混沌。張光熙左手緊抓著操縱盤，右手抓著油門手柄，專心注意著儀錶板，按照領航官所給的航向飛去。人工地平儀的指示在起飛後就根本沒有平穩過，一直在晃動，無線電羅盤的指針也始終左右擺動。張光熙只能盡力控制飛機往那艘軍艦最後所知的地點飛去。

由於飛機顛簸的太厲害，服空勤已超過十多年的機工長都耐不住這種劇烈的波動，在他的座椅上開始嘔吐。而他嘔吐的聲音似乎有傳染性，沒多久通訊官也開始嘔吐。這是張光熙從沒遇到過的現象，他原想安慰機組員，告訴他們再過一下飛機就會平穩下來，但是他無法說出口，因為他不認為飛機在落地之前能穩下來。

飛機起飛半個鐘頭後，領航官通知張光熙已達目標區上空。他抬頭往外看去，飛機仍在雲中，根本無法見到任何東西。他必須飛到雲下才可以開始尋找那艘失聯的運輸艦。當時飛機的高度是三千呎左右，根據起飛前所獲得的氣候報告，海峽雲高七百呎，因此他必須將飛機降到七百呎以下才能開始執行搜尋的任務。

張光熙轉頭告訴副駕駛金玉生上尉，他將開始操縱飛機穿雲下降，要他專心注意高度表，當飛機的高度降到一千五百呎時，每下降兩百呎報一次高度，當高度降到一千呎時，改成每一百呎報一次高度。這樣的安排是安全的考量，因為高度錶是根據氣壓來度量高度，而當地海面的氣壓卻是未知，所以當天高度表的指示真是「僅供參考」。

交代完副駕駛後，張光熙將油門收回，同時將駕駛盤向左轉去，讓飛機盤旋下降。平時這樣飛行員就可以保持固定的下降率讓飛機下降，但那天下降率卻如交響樂在五線譜上的音符似的忽下忽上，因此他一直像是在與氣流作戰似的推拉駕駛盤，操縱著飛機下降。

當金玉生喊出一千呎後不久，還沒喊出九百呎時，飛機就突然出雲。張光熙了解那是因為當天是低氣壓的關係，導致氣壓高度計讀數偏高。飛機出雲後，外界仍是漆黑一片，看不見任何東西。於是張光熙通知機工長開始投擲照明彈。在後艙的那位機工長，扶著飛機艙壁慢慢的在顛簸的飛機中走到照明彈的投擲處，將一枚照明彈放進去，開始點燃投擲。

照明彈投擲後頓時將暗夜變成白日，然而就如張光熙所判斷的，那艘運輸艦並不在最後所知海域。在如此大的風雨中，一艘無動力的艦艇絕對是會被風浪吹走的。

領航官根據風向，畫出了那艘軍艦的幾個可能的軌跡，然後張光熙就根據軌跡圖，開始向那方向飛去。

HU-16順著那個軌跡，像犁田似的左右飛著。這樣每隔幾分鐘就轉一八〇度的飛法，再加上狂風所導致的顛簸，一下子就讓所有組員都受不了了。除了正副駕駛兩人之外，所有其他的組員都開始嘔吐。有些人在還沒來得及拿嘔吐袋之前，就已吐在地板上，那種酸臭的味道更是讓人難受。這架飛機就在如此惡劣狀況下，飛行在五百呎左右的低空，尋找著那艘失聯的運輸艦。

一枚照明彈點燃後差不多有兩分多鐘的照明時間，飛機上的每一個人都把握這短暫的時間，在各自的瞭望據點向外搜索。七雙瞪大的眼睛瞪著被照明彈所照亮的海面，企圖發現那艘運輸艦的蹤影。有幾次有人看到一些像似艦艇的剪影，但當張光熙將飛機對著目標飛去時，卻發現只是海浪所造成的陰影，或是錯覺而已。

突然一個巨大的閃電就在飛機左翼旁閃起，那個閃電的亮度幾乎超過照明彈百倍以上，整個夜空周遭頓時完全變成白晝一般。看著周遭如山般高的雲堆及海面高達數層樓高的波浪，頓時讓張光熙對自然界中這種潛在威力感到驚懾。幾秒鐘之後，一聲如霹靂般的雷聲隨即響起。那個聲音蓋住了發動機的聲音，並透過機身、透過耳機的耳套，結實地刺撞在自己的耳膜上。在那高分貝的衝擊下，他失去了聽力，突然覺得四周一下變得非常寂靜，待閃電消失後許久他的聽力才緩緩地恢復。

一個多小時之後，飛機仍然就這樣像來回犁田似的飛在暴風雨中的低空海面上。機艙內除了正副駕駛兩人外，其餘幾人都已吐得人仰馬翻，而那艘運輸艦仍然杳然無蹤。

張光熙看著海面的波浪，想著那麼大的一艘運輸艦怎麼可能找不到？他突然想到幾年前的一首英文歌 *Sink the Bismarck*（擊沈俾斯麥號），歌詞中的一句「…because somewhere on that ocean I know she's gotta be（我知道它一定就在大洋中的某處）」。是的，那條運輸艦一定就在自己翼下海峽上的某一點，而他必須找到它！

三點四十分，當一枚新的照明彈重新將海面照亮時，機工長興奮的聲音由耳機中傳出：「找到了，十點鐘方位！」張光熙聽了立刻抬頭往飛機左前方望去，只見一艘運輸艦漂在波濤洶湧的海面上。

張光熙將飛機降低高度對著那艘運輸艦飛去，在接近時並刻意搖擺機翼讓運輸艦上的人知道這架飛機是刻意來尋找他們的。

飛機低空在那艘運輸艦上通過幾次，確認了那艘運輸艦就是他們要尋找的目標之後，張光熙隨即請戰管將他們當時的位置定下，然後通知海軍相關單位。

做完了這幾件事後，張光熙將駕駛盤拉回讓飛機爬高，並請領航官畫出一條最直接飛回嘉義空軍基地的航線。

飛機爬到三千呎後，對準嘉義機場飛去。這時天候依然惡劣，飛機也是同樣地顛簸，每一位組員都像洩了氣的皮球，靜靜地坐在自己的座位上休息著。

經歷了這一段惡劣氣候的飛行後，張光熙在回飛的路上卻想起了他另一段與天候有關的飛行。那時他還在戰鬥部隊任職，也是因為天氣太壞，導致全台所有機場全都關閉，而他所飛的那架F－100卻在那時亮起低油量的警告燈……。

那是一九六五年三月間，他在嘉義四大隊任職時所發生的一件事，當天他與其他三位隊友擔任拂曉巡邏任務（CAP）。這類任務通常都是在日出前十五分鐘

張光熙與 F-100A 超級軍刀機。（張光熙提供）

起飛，起飛之後直奔海峽對岸的廈門，然後根據任務需要，由那裡順著海岸線向北或向南展開偵巡。

那天清晨四點鐘，值日官將執行任務的四位飛行員喚醒。當天的長機是高必達少校[1]，二號機及三號機的飛行員因為年代久遠已不復記得，而四號機則是張光熙本人。他們在梳洗後前往中隊作戰室接受任務提示。那時是張光熙由空軍官校畢業後的第六年，這種例行任務已經執行過百次以上，對任務的細節都已相當熟悉。但還是很仔細的聽任務提示細節，尤其是天氣預報部分，他更是全神貫注地聆聽。但那天氣候沒有什麼特別，因此張光熙覺得那天的任務該是相當的「例行」。

一切正如張光熙所想的一樣，起飛前的三六〇度檢查，啟動發動機、由停機坪滑出、起飛及集合等都是相當的「例行」，沒有任何意外。但是就在曙光初現，東方開始泛白時，出現了第一個「狀況外」的現象。那時這四架飛機正在三萬呎高空以〇．八五馬赫飛在海峽上空，耳機中突然傳來了戰管的通知，嘉義基地的天氣突變，因此要他們立刻返航。

聽到這個消息後，領隊立刻帶著四機調轉機頭，往回飛去。張光熙在調轉機頭時，還在想著氣候怎麼會變得那麼快？他記得起飛時的能見度還有七浬，機場上空也沒有任何雲霧，怎麼就是二十分鐘左右的時間，就已經壞到必須要他們立刻返航的地步？

然而就在他們接近台灣時，張光熙由空中看到前面已是厚厚的雲層一片，中央山脈的山峰都被簇簇白雲蓋住，他這才驚覺到天氣變化竟是如此之快。

就在領隊呼叫嘉義塔台時，塔台表示因為大霧，能見度已低於起落標準，機場已經關閉。建議他們轉向台灣北部的幾個機場，因為那時台中清泉崗基地及台南基地都已因能見度太低而關閉，而新竹及桃園的情況尚好。

聽到這個訊息後，領隊就再帶著編隊轉向北飛。這時張光熙由空中向北望去，只見整個雲層綿延到天際，根本看不到盡頭。他實在懷疑桃園及新竹這兩個基地沒有被這氣候影響到。

結果真如張光熙所料，就在飛機接近新竹時，接到新竹基地因大霧而關閉的消息。領隊正要與桃園機場聯絡時，就聽到戰管通知桃園機場也因能見

1 作者註：台語歌后紀露霞的夫婿。

度太低而關場。

這時整個台灣只剩下岡山的空軍官校及屏東基地這兩個機場還沒關閉，領隊在下令轉向南台灣之前，先要大家爬高到三萬五千呎，因為在那個高度飛機會較省油。然而還沒等他們飛到南台灣，就在剛飛到苗栗附近時，又接到那兩個機場也相繼關閉的消息！

全台灣所有的機場都已關閉，他們這四架飛機頓時成了無處可落的雁群。領隊這時想到了琉球的嘉手納美軍基地，但那是遠在五百浬之外，即使立刻前往，所剩餘的油也僅剛好夠飛到那裡，沒有多一點供備用，因此那不是個很好的選擇。

就在他們四架飛機在台灣上空為飛到那裡落地而焦急時，戰管通知他們澎湖機場是目視情況，雖然尚未正式啟用，但跑道已竣工，可供飛機起落，唯一的問題就是跑道末端沒有攔截網，而且盡頭就是大海。不過對這四架無處可去同時餘油不多的F－100來說，實在不是太大的問題，因為那裡是他們唯一的選擇了。

於是領隊立刻調轉機頭，帶著在台灣上空已經南北繞飛了大半天的四架超級軍刀機，往那個距台灣本島不到五十浬的小島飛去。

因為機場尚未啟用，塔台並沒有人當值。而且跑道也需要有人全程檢查一遍，確認是否完全沒有異物（FOD）。所以這四架飛機不可以馬上冒然落地，必須等二十多分鐘讓地面做好準備。

二十分鐘看似不長，但是對油量已經不多的飛機來說，卻是度日如年的等待。張光熙不停的看著手錶與油量錶，他覺得這是時間與油量錶的賽跑，他真希望能在二十分鐘過去後油箱裡還有些餘油讓他落地。不過，幸好那時他們已經在機場上空，萬一飛機油盡停車，他還可以用滑翔的方式，飛一個熄火迫降航線，飄降進場。但那實在是萬不得已下的方法了。

就在這四架飛機於澎湖機場上空盤旋時，二號機報出他的飛機已經低油量，這表示再過幾分鐘飛機即將熄火。張光熙聽了後又看了看油量錶，發現自己的油量也已接近低油量……

「You are cleared to land!」耳機中終於傳出了馬公塔台准許他們落地的聲音，而張光熙的低油量警告燈也在那時亮起。不過他已不在乎了，因為當時他就在機場上空，絕對可以安全落地。

那天本島惡劣的氣候，意外使他們四架F－100超級軍刀機，成了澎湖馬公機場跑道竣工後第一批降落的飛機。

就在張光熙回憶到這時，飛機已接近嘉義東石附近的海岸。他耳機中傳出了戰管通知他與嘉義塔台聯絡的聲音。他往外看去，外界仍然漆黑一片，大雨及強風依舊，絕對不是一個容易降落的天氣。張光熙聯絡塔台後，隨即與GCA管制官連線。在地面的引導下，他由長五邊直接進場，結束了三個多小時在惡劣氣候下的海峽上空尋船之旅。

張教官於一九七七年完成了他對國家的義務之後，進入遠東航空公司繼續他的飛行生涯。曾先後擔任過波音737及MD－82機長，二〇〇〇年退休時創下飛行兩萬四千小時無意外的完美飛行紀錄。

目前住在舊金山灣區的張光熙教官在述說這兩次與天候有關的空中故事時，曾笑著對筆者說：「氣候是飛行員最大的隱形敵人！」

低油危機——黃晞晟釣魚台海域支援海軍

一九七三年夏日的一個星期天清晨三點，絕大多數的人都還在夢鄉之際，黃晞晟少校床前小桌上的鬧鐘開始鈴鈴作響。他習慣性地伸手將鬧鐘按下，並將小桌上的檯燈打開。六十瓦燈泡所產生的亮光讓仍睡眼惺忪的黃晞晟瞇起了雙眼，多麼希望能再多睡一會兒，但多年的訓練讓他壓抑住那種感覺，並隨即翻身起床。因為那天早上要擔任警戒任務，他必須在清晨五點之前完成警戒的準備工作。

當時黃晞晟是嘉義四大隊二十二中隊的分隊長，那天他們所擔任的是十五分鐘警戒，與他一同執行警戒任務的是他的隊員，二號機陳曉鳴中尉、三號機陸猶上尉及四號機劉淦屏上尉。四大隊的警戒任務分成「五分鐘」與「十五分鐘」兩種：五分鐘警戒的任務是防空警戒，飛機翼下所攜帶的是響尾蛇空對空飛彈。十五分鐘的警戒任務是支援陸、海軍的對地／海面的任務，飛機所攜帶的武器是兩枚五百磅的炸彈。

當黃晞晟清洗完畢，換上飛行衣後，走出宿舍的小房間，他看到另外三位隊員也幾乎同時準備妥當，走出房間。他們四人先前往中隊作戰室，在那裡黃晞晟對著另外三人進行當天的任務提示，因為當天台灣北部天氣惡劣，所以黃晞晟多花了一些時間提示組員，如果要前往北部執行任務時要注意的事項。

任務提示後，黃晞晟與他的三位隊員走出作戰室搭上中吉普，由值日官開車將他們送到機堡各自的飛機前面。

那時天還沒有亮，機堡黯淡的燈光照在那架F－100的機身上，讓它的線條顯得更加雄偉。每次黃晞晟看著這型飛機時，總會讚嘆它巨大的外型與線條的優美。F－100是當時空軍中最巨型的戰鬥機，超音速的速度與靈活的性能，加上翼下可以攜帶五百磅的炸彈兩枚，是一個可以對空作戰及密集支援地／海面的優良戰鬥機。

登機前的三六〇度檢查完畢後，黃晞晟爬上座艙旁的掛梯，跨進座艙。在座艙中坐好之後，黃晞晟將飛機主電門打開，儀錶板上的各個儀錶指針很快各就各位，指到該指的位置。他隨即按下發動機啟動電門，氣源車的高壓空氣隨即經過導管沖進發動機內，J－57發動機的壓縮器在高壓空氣的衝擊下開始轉動。他注視著發動機轉速錶，當指針指到十二%時，他將油門推到慢車位置，立刻一聲「轟」的聲音由尾部傳來，尾管溫度隨即開始上

黃晞晟少校與 F-100A。（黃晞晟提供）

升，飛機已順利啟動。

當發動機轉速指示達到六十五％並已穩定時，黃晞晟向站在機旁的機工長做出拆除安全鞘及拔掉氣／電源車的手勢。機工長很快地將那些掛著紅色「飛行前拆除」的安全鞘由機身各處拔除，並將那些安全鞘舉起，讓黃晞晟清楚看到所有安全鞘已確實拔除。看到機工長舉起的安全鞘，及另外一名機械士官將氣／電源插頭拔掉後，黃晞晟緩緩的將油門推上並鬆開煞車，讓F－100超級軍刀機滑出機堡，向跑道滑去，另外三架飛機也跟著滑出。

黃晞晟將飛機滑進跑道，對準起飛方向，將煞車踏板踏緊，然後將油門推上，J－57發動機在他座椅後方開始咆哮，雖然隔著座艙罩及頭盔，他仍然可以感覺到那高分貝的噪音。他仔細地將儀錶板上的所有讀數都檢查一遍，確定飛機所有系統都運作正常後，將油門收回，然後把飛機滑到警戒機堡停妥。

這時天還沒有亮，絕大多數的國人仍然還在夢鄉中，但空軍第四大隊擔任警戒的飛機及飛行員已經完成戰備，隨時待命起飛去迎擊任何可能危害本島安全的威脅！他們的夙夜匪懈是國人能安然入睡的最大功臣！

黃晞晟這一批四位飛行員，加上擔任五分鐘警戒的另外四位飛行員，擠進警戒室後，顯得有些擁擠。他們有幾位開始坐下打橋牌，幾位在沙發上假寐，想補回一些被鬧鐘所中斷的睡眠。黃晞晟則是拿起剛剛隨著早餐一起送來的報紙在看，報上一則有關在越南被俘的美軍釋放歸來後的新聞引起了他的注意，新聞中敘述一位被俘美軍在被釋放後，發現自己的官階由原來的上尉已被晉升到少校，而且被俘五年間的薪水也在釋後一次補發。美國國防部的這種措施是他從沒想到過的，他覺得這種措施絕對會使所有軍人感到沒有後顧之憂，而可以全心地捍衛國家。

九點鐘左右，警戒室的電話響了，大家往值日官方向看去，值日官對著電話聽筒說著：「是的，是的，了解。」警戒室裡執行五分鐘警戒四位飛行官聽到這時，直覺地感到是要他們緊急起飛了，紛紛放下手中的紙牌或報紙。然而值日官在放下電話後，卻對大家說：「沒事，沒事。」然後，轉身對著黃晞晟說：「不過，戰管要我通知你，待會可能會用到十五分鐘的警戒飛機，要你們準備一下。」

黃晞晟聽了之後覺得有些奇怪，十五分鐘警戒的飛機掛的是兩枚五百磅炸彈，一旦起飛就絕對要將炸彈投擲後才可返場落地。因此如果不是真實情況，很少會讓掛著炸彈的十五分鐘警戒飛機出動。

「麻煩你與戰管確定一下，告訴他們十五分鐘的飛機是掛炸彈的，起飛之後是不可以帶著炸彈回來落地。」黃晞晟對著值日官說。說完他就站了起來，對著他的三位隊員揮了揮手，帶著大家往外走去。雖然他要值日官向戰管去確認，但他覺得自己仍該去準備一下……

就在黃晞晟剛走出警戒室，他就聽到電話鈴又響了，這回只聽值日官很快地對著電話說了聲：「是的，四架十五分鐘！」後就將電話掛上，然後緊急起飛的鈴聲隨即響起，標示板上四架十五分鐘警戒飛機的標示也開始閃爍。

黃晞晟那時已走出警戒室，聽到警鈴後立刻快步對著自己的飛機衝去，其他三位隊員也跟著跑出警戒室。機工長及機械士們也從他們待命的房間衝出，奔向各自維護的飛機。

黃晞晟爬上飛機跨進座艙後，機工長隨即也爬上來，站在掛梯頂端，協助黃晞晟將肩帶繫緊，黃晞晟隨後將頭盔戴上，然後將氧氣面罩的接頭插上。機工長眼見飛行員在座艙內準備妥當後，向飛官敬了個禮，然後快速跳下掛梯並將其取下。

因為飛機在幾個鐘頭前已經試過車，所以黃晞晟在發動機啟動後，機工長也很快地將安全鞘由機身各處拔除，黃晞晟隨手將座艙罩關妥，鬆開煞車讓飛機滑出機堡，對著跑道滑去。

雙翼下各掛著一枚五百磅的炸彈，滑行時都可以感受到有些沉重。黃晞晟在滑向跑道時與塔台聯絡，通報這一批四架飛機緊急起飛，塔台很快表示跑道通暢，可以起飛。這是預料中的事，緊急起飛向來是有最高優先權。

因為飛機是掛著炸彈，所以就不需要編隊起飛。黃晞晟進入跑道後立刻將油門推到後燃器階段，飛機開始前衝。這時他由後視鏡中看到他的二號機正在進入跑道。

在強大的後燃器推動下，F－100很快就達到起飛的速度。因為飛機帶著比平時多一千磅的外載，所以黃晞晟讓飛機繼續在跑道上加速，這樣又過了幾秒鐘之後，他才將駕駛桿拉回，讓飛機衝進天空。

飛機離地，爬到一千呎後，他向左轉對著海峽飛去，這樣三架僚機就可以在他轉彎的時候，切入內圈與他集合。

黃晞晟在等待僚機集合的時候向戰管報到，戰管立刻指示他往三六〇度方向飛去。聽到戰管給他的航向時，他想起了當天早上的氣候預報曾指出台灣北部的氣候不好，帶著僚機在這種天候下執行對海面的任務，是有相當的挑戰性。但他也了解作為一個軍人，就是要完成上級所指派的任務，這樣在島上的國人，乃至於自己的家人才能有個安全的生活環境。

F-100A 飛行時雄姿，翼下掛的是副油箱。（黃晞晟提供）

黃晞晟將駕駛桿輕輕地向右壓下，飛機的右翼很快下沉，機頭順勢向右轉了過去，這時他由眼角的餘光看到三架僚機已經與他編好隊形，對著三六〇度方向飛去。

雖然那天北部的天氣惡劣，但南部附近的氣候也不見得有多好。黃晞晟這四架飛機向北飛了沒多久就進入密雲，雲中的亂流使四架密集編隊的飛機不斷地在雲中劇烈地抖動。兩萬多呎出雲後，飛機立刻恢復了平穩，但刺眼的陽光卻在此時湧進座艙，黃晞晟將頭盔上的遮陽鏡拉下，隔著那層黑色的鏡片向外看，天空仍是一片耀眼的蔚藍。

黃晞晟問戰管這次要支援的目標是地面或是海面，但戰管卻沒有直接回答，僅是不斷修正他的航向，繼續將他往北帶去。在無線電的同一個波道上，黃晞晟也聽到在馬公駐防的二十三中隊的四架警戒機及清泉崗基地的四架F－104警戒機，都已奉命緊急起飛，就在他想著這次該是真有狀況的時候，他又聽到救護隊的HU－16水上飛機，及嘉義遞補他的那四架十五分鐘掛彈警戒飛機也都接到緊急起飛的命令。

這樣大的兵力在短短的時間內相繼奉命起飛，使黃晞晟直覺想到台灣北部一定出了相當的狀況……

——

翼下的皚皚白雲一片蔓延到天邊，沒有任何雲洞可以讓黃晞晟看出雲下的地貌，但根據戰術導航儀，他知道飛機已飛離本島。戰管還是沒有明確的告訴他們這次任務的內容，而只是繼續引導著他們向北飛行。

這時黃晞晟想起了八年前的八六海戰，當時海軍也曾要求空中支援，作戰司令部同樣也是下令四大隊的F－100出動，只是那次海戰發生在夜間，當時那四架超級軍刀機在廖學文少校（當時官階）領隊下於拂曉抵達作戰海域時，海軍的「章江」與「劍門」兩艘軍艦已經被擊沈。那時黃晞晟還是空軍官校四年級的學生，他曾為此事感到扼腕，沒想到今天竟然有機會再度執行同樣性質的任務！

飛機繼續在戰管的引導下向北飛，起飛已經超過半個鐘頭，目標區卻還沒有到。這時黃晞晟心中開始擔心，不是為了敵情或是作戰，而是為飛機的油量。因為這時飛機已經超出了正常的作戰半徑，他想著等一下在低空接敵投彈後，他這一批飛機勢必沒有足夠的燃油返回嘉義，而北部的幾個機場都因為氣候的關係而關閉，那時該如何是好？

這時他心中想到了一位長官曾說過的一句話：「作戰時為了求勝，有時是可以不計代價！」而他知道此時的代價就是他的這一批四架飛機！

就在黃晞晟心中盤算著回程油料的問題時，耳機中傳來戰管的聲音：「Otto Flight（黃晞晟呼號），Blue Moon（戰管代號），你現在抵達目標上空，可以看到底下的狀況嗎？」

黃晞晟向四下望去，仍是白雲一片沒有任何雲洞。

「Blue Moon，Otto Lead，翼下全是雲層，完全無法目視海面。」

「Otto Lead，Blue Moon，你鑽雲下去看看，然後將狀況回報。」

黃晞晟聽了戰管的指示後，立刻想到了當天清晨的天氣預報，台灣北部氣候惡劣，這表示雲層很可能就是貼著海面。在這種情況下鑽雲下降是冒著相當大的風險，但是軍令如山，他必須飛下去看看並將狀況回報。

黃晞晟當時決定將二號僚機留在高空，只自己一架飛機鑽雲下降，這樣可以在鑽雲下降時少一些顧慮。於是他通知三號機陸猶上尉暫時帶著另外兩架飛機在原來的空層待命，然後將駕駛桿向右壓，讓飛機向右前方俯衝下去。

飛機在兩萬呎左右進入雲層後，整個座艙附近立刻變成灰濛濛一片，因為高度表在海上並不是很精準，如果雲層真是貼著海面，黃晞晟很可能在高度錶還指著三百呎高度時就鑽進海裡，所以黃晞晟非常小心地操縱著飛機在雲中下降。結果沒有想到他在七千呎左右就出雲了。

在七千呎的高度，黃晞晟很快就看到海面上有兩批船艦，在他的兩點鐘方位有兩艘軍艦及幾艘中型漁船，另外一批十多艘軍艦是在他十點鐘方位較遠的位置。他立刻將這個訊息報回給戰管。

戰管在聽到他的報告後，告訴他那兩艘軍艦是我國海軍艦艇正在護漁，另外那十餘艘軍艦則是不明艦。戰管要他前去確認那些軍艦是哪一國的，並明確的告訴他：「如是日本軍艦，驅離。如是共軍軍艦，擊沈炸毀。」

接到這個命令後，黃晞晟立刻將飛機對準十點鐘那批軍艦俯衝飛去，要確實辨認那些軍艦的國籍。

那批軍艦當時正以縱隊追蹤隊形往西疾駛，黃晞晟將飛機衝到比軍艦桅桿稍高的位置，然後由艦隊的後面以四五○浬（八一○公里）的空速對著艦隊前方飛去。在這種高速下他很難看清楚艦艉的旗幟。於是他在艦隊的左舷通過後，拉高機頭做了一個**英麥曼**，再對著艦隊的右舷俯衝而下。這次他刻意降低飛機的空速，希望能夠看清楚那些軍艦的國籍。

這次通過黃晞晟仍然沒有看見任何旗幟，但他看到了有幾艘軍艦正在將防空機砲的砲衣除下。而根據他對敵我船艦的識別，可以確認最後一艘軍艦是中共旅大級（051型）的驅逐艦！

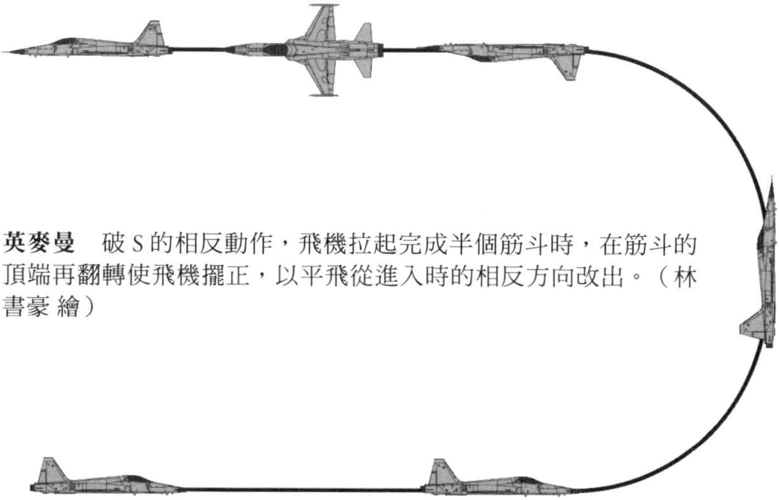

英麥曼　破 S 的相反動作，飛機拉起完成半個筋斗時，在筋斗的頂端再翻轉使飛機擺正，以平飛從進入時的相反方向改出。（林書豪 繪）

黃晞晟立刻將這個發現通知戰管，同時將飛機拉高回到原來的空層與其他三架僚機會合。雖然戰管先前指示過，如果那批是中共的軍艦，就擊沈炸毀。但黃晞晟覺得要攻擊在公海中的艦艇之前，他最好還是再與戰管確認一遍。

戰管在聽了他的報告之後，沒有立刻下達攻擊命令，反而要他暫時待命。黃晞晟想著戰管大概也開始層層向上級請示。

就在待命的時候，黃晞晟的四號僚機向他報告燃油已經到「Bingo」油量，正當他將這一訊息向戰管回報時，二號機也發出了Bingo油量的報告，而他知道自己的油量也不再允許他繼續待命了。

黃晞晟向戰管通報編隊已經到了Bingo油量，如果繼續待命，將無法安全返航。尤其是北部的幾個機場都因為天候的因素而關閉，根本沒有較近的機場可以轉降。這是一個非常實際而且嚴重的問題。

戰管聽了黃晞晟的報告後，只簡單的回應表示瞭解他們的狀況，但並未下令讓他們返航。他可以想像到作戰司令部的長官們一定正在熱烈的討論，該如何處理目前的狀況。

就在黃晞晟預備再度提醒戰管整個編隊低油量的狀況時，耳機中傳來戰管的指示：「任務取消，炸彈拋擲後返航」。看樣子長官們一定是覺得在敵艦並未對我海軍艦艇挑釁攻擊的情況下，還是不要惹起爭端的好。不過黃晞晟這時已無心去想任務取消的原因，他在接到這一命令後，立刻按下炸彈拋擲的電門，將兩枚五百磅的炸彈拋擲，另外三架僚機也隨著將炸彈投下。

如何在這種惡劣天候下將這一批飛機安全的帶回本島落地，是黃晞晟當時最大的挑戰。

黃晞晟在座艙中看著油量錶的指針無情地向逆時鐘方向迴轉，心中焦急地像熱鍋上的螞蟻。那時他們還飛在台灣以北的海上，他當時的餘油僅有一千磅左右，二號機及四號機的油量一定比他還要低，這種情況是絕對無法回到嘉義落地。如果是在平時，他可以轉降新竹或桃園，但是當天這兩個機場都已因天候關係而關閉。

黃晞晟知道他已無任何備用機場可以落地，身為領隊他必須想出辦法將僚機安全的帶回去！

「Otto Lead，你目前的位置？」突然間黃晞晟的耳機中傳來一個熟悉的聲音，那是大隊長周善擇上校的聲音。原來大隊長算算時間，該是這一批飛機要回來的時候了，但還沒有他們的消息，因此也開始為他們擔心。

黃晞晟將自己的位置報回去後，大隊長突然向他建議，如果可能的話，就在松山機場落地。這實在是一個相當大膽的建議，因為戰鬥機是不許進入台北上空，遑論在松山機場落地。大隊長會對他做出這樣的建議，表示大隊長也感覺到狀況的危急，必須用非常的方法來解決這個問題，而大隊長決定為此事負起下令轉降的責任。

黃晞晟聽了大隊長的建議後，心中頓時充滿了一股暖流，這真是一位肯替部屬設想的長官。但是，即使大隊長已經下令，他也無法在松山落地，因為台北的天候一樣惡劣，再說松山機場並沒有引導戰鬥機穿降的GCA「地面引導進場」設備，除非可以目視機場跑道，否則他是無法在松山機場落地。

根據飛機的戰術導航儀指示，黃晞晟知道他這一批飛機已由台灣北部的富貴角附近登陸，這讓他稍微放下一些緊張的情緒。如果當下油盡停車的話，他們不至於在海上跳傘了。

四架低油量的F-100飛在厚厚的積雲當中，顛簸著在雲中摸索前進。黃晞晟看著霧茫茫的前方，再低頭看了看儀錶板上的油量錶指示及戰術導航儀，心中很明白他們是無法回到嘉義基地了。

就在這時，戰管通知黃晞晟清泉崗機場的天候正在好轉中，他們可以轉降那裡。聽到這個消息之後，黃晞晟很快地看了一下油量錶，然後在心中盤算了一下，發現所剩的餘油不但不夠維持到那裡，就連目前因天候關閉的新竹機場都相當勉強。

當時的情況，只有試著在新竹基地落地才能免除油盡停車後跳傘的狀況。於是黃晞晟向戰管表示，他們的餘油僅夠維持到新竹基地，因此請求新竹的GCA電台開機，希望能由地面以最直接的方式將他們這四架飛機在惡劣的氣候中引導落地。而且他們是由北向南飛行，因此他同時要求直接用23跑道順風落地，因為他實在不認為自己的飛機有足夠的油量可以多飛一個航線，到05跑道落地。

黃晞晟選擇落新竹而不是桃園，是因為他們之前在做儀器飛行訓練時，通常都是在新竹機場進行，他們因而對當地的環境比較熟悉，再加上新竹機場的跑道要比桃園機場長，那一萬兩千呎長的跑道更是一層安全的保障。

很快地戰管就通知黃晞晟，新竹基地的GCA電台已緊急啟動，請黃晞晟直接與GCA電台聯絡。那時黃晞晟油箱裡的餘油僅剩下幾百磅，隨時都有熄火的可能，當他知道新竹機場的GCA已經為他們緊急開機後，急忙將通訊頻道轉了過去，連向戰管報離的基本程序都沒遵守。

當黃晞晟聽到GCA電台傳來導引官的聲音時，他緊張的情緒頓時輕鬆了不少。雖然沒有見過這位GCA導引官，但是在之前多次的訓練及演習中，無論能見度有多低，在這位導引官熟練與精準的導引下，他總是能安全的落地。

黃晞晟告訴導引官他們這批F-100已經低油量，請他用最直接的方法引導落地。耳機中對方非常沉穩與自信的聲音更讓黃晞晟感到放心。

在GCA的引導下飛機轉入新竹機場的五邊，起落架已經放下，高度也持續下降著，而飛機前面仍是灰濛濛的一片。黃晞晟在座艙裡看著幾乎已經到底的油量錶指針，想著發動機隨時都有可能熄火。在這種高度如果發動機熄火，他唯有跳傘一途，但在這種高度跳傘的成功率是多少？這時黃晞晟突然想到了新婚的妻子……

就在飛機的高度降到兩百呎時，眼前灰茫的雲幕突然消失了，新竹機場23跑道就在他正前方不到一哩處！他緊繃的心情一下子就放鬆了，飛機輕巧的落在跑道上。

遠在嘉義基地的周善擇大隊長在知道這四架飛機安全落在新竹後，也是鬆了一口大氣。平時F－100在執行任務時的留空時間差不多是七十分鐘左右，極少數的任務曾飛到九十分鐘，那也已經是相當不容易的了。而這次黃晞晟所執行的任務竟創下了一一〇分鐘的紀錄！

事後黃晞晟得知，原來那天有幾艘我方的漁船在釣魚台附近受到日本艦艇驅離。海軍的兩艘軍艦剛好就在附近，於是就被派前往瞭解情況。但當那兩艘軍艦抵達附近海域時，卻只見我方漁船，日艦已經離開，但是在北方不遠處卻有一批中共軍艦在那裡。原來是日艦見到大批中共軍艦駛到附近，不想引起爭端就匆促離開現場。而我海軍艦艇見到那些中共的軍艦時，立即進入備戰狀態，並申請空軍支援。黃晞晟這一批四架是第一批趕到現場的飛機，而中共方面大概也不願意在那裡發生爭端，於是就在他俯衝下去查看的時候，那批中共的軍艦開始向西撤離。我方作戰司令部在了解全盤狀況後，也下令所有飛機返航。

轉眼這已是近五十年前的往事了，如今也已退役多年的黃晞晟還是住在嘉義。他在想起這件事時，總會想到當天如果有任何一方不退讓的話，那麼那天在釣魚台附近海域絕對會有一場海空大戰！而他那四架飛機在投完彈後，也一定無法回到任何一個機場落地。

上帝對一些重要的事總是有令人意想不到的安排！

僚機墜毀——陳卿海指示僚機跳傘

一九七五年三月五日，那天是星期六，空軍第四大隊的陳卿海中尉正在岡山接受年度的求生訓練。自從由空軍官校畢業，被派到嘉義四大隊之後，就很少回岡山。所以這次回來接受求生訓練時，他就約了幾位在官校任職的友人，預備在當天課程結束後，一同到岡山鎮上去吃羊肉爐，想用這懷念的美味來追憶在官校的那段難忘日子。

那天上午正當他完成了模擬彈射訓練，由那具模擬彈射椅上下來時，與他一同受訓的一位軍官告訴他，當天清晨一架台南基地的F－5A戰鬥機在執行完海峽偵巡任務後，在返場落地的過程中發動機發生故障，進而在機場五邊墜毀，飛行員楊小明中尉跳傘不及，隨機墜地殉職。當他聽到這個消息後，頓時驚訝得說不出話來，因為楊小明是他空軍官校的同班同學！

陳卿海走出訓練中心，點起一根香菸，望著灰霾色的天空，想著楊小明在當天早上起床時，有沒有為這個週末做任何計劃？約朋友吃飯？或是回家看父母？想到他的父母，陳卿海更是覺得痛心，因為楊小明是家中獨子，他實在不忍心看到老年喪子這種悲慘的事情再度發生，但上蒼似乎對他們這個期班的獨子特別「鍾愛」。飛行專修班第二期第一位被老天召回的金靖鏘同學，也是家中獨子！

想著那兩位為國犧牲的同學時，陳卿海也想到飛行這個行業確實有著相當潛在的危險，自己在官校學習飛行的時候，就曾經歷過一次飛機空中熄火的驚險歷程……

那天楊開山教官帶著他駕著一架T－28教練機進行航線單飛前的鑑定飛行。按照航線單飛鑑定課程的規劃，是由教官帶著學生先飛三個起落航線，如果教官認為學生沒有什麼問題，那麼就會讓學生獨自去飛起落航線三到五次。陳卿海在那天之前已完成了第一次的單飛，T－28型飛機的飛行時間也累積了二十三小時。雖然時間不多，但自己卻覺得已經可以很熟練地操縱這型飛機了。

那天就在第三次起飛後，剛收上起落架，向右轉入二邊時，飛機發動機的轉速開始上下波動，這是陳卿海從沒遇到過的現象。他正覺得奇怪，想著該如何去處理這突發的狀況時，那具R－1820發動機突然熄火，兩片螺旋槳片劇烈的抖動了幾下後，就停止了轉動。

霎那間，整個周遭變得非常寂靜，陳卿海被這突如其來的狀況嚇住了，完全不知道下一步該做些什麼。他想到了跳傘，眼睛隨即向高度錶看去，當時的高度已低過T－28的最低跳傘高度——八〇〇呎。

陳卿海上尉與 T-33。（陳卿海提供）

就在那時耳機中傳來了後座楊開山教官的聲音：「不要緊張，我來飛。」教官沉著穩定的聲音讓他安心不少，他放鬆握住油門及駕駛桿的雙手，將飛機的操縱交給了後座楊教官。

楊教官衡量四下的環境，正前方是官校飛行教官的宿舍——醒村，在這種情況下飛機絕對不可以接近那個眷村附近，那麼這時最理想的迫降場地就是右後方的官校機場了，於是他輕輕的將駕駛桿向右壓去，讓飛機以非常淺的坡度向右後方轉去。飛機在失去動力後，高度喪失的很快，尤其是在轉彎的時候。當飛機機頭調轉過來並對正官校後，楊教官反桿反舵將飛機改平，那時飛機的高度僅剩下四百多呎，並持續快速地下降，陳卿海坐在座艙前座緊張望向對著他迎面撲來的大地，下意識地想將駕駛桿拉回。但理智告訴他不要亂動，因為經驗豐富的教官正在操縱這故障的飛機。

飛機以低過一百呎的高度飄過滑行道上空，楊教官並未將飛機轉向落在滑行道上，而是繼續讓飛機朝著原來的方向繼續前進。當飛機高度掉到五十呎左右時，楊教官在後座大叫了一聲：「放起落架！」陳卿海聽了急忙將起落架手柄按下。

起落架釋出後，阻力頓時增加，飛機的空速已掉到失速邊緣，飛機開始失速前的顫抖，楊教官將機頭鬆下一些，讓飛機藉著重力獲得了一些空速，但隨即在飛機即將觸地前，將駕駛桿拉回讓機頭抬高，兩個主輪就在那一瞬間觸地！

那是一次有驚無險的飛行事故。陳卿海很清楚的了解，當天如果飛機發動機晚三十分鐘在他單飛的時候發生故障，自己是絕對無法安全迫降，楊開山教官真是他的救命恩人！想起當天在發動機故障之前，自己還覺得可以很熟練地操縱這型飛機，那真是天真得可以。從那天開始，他更是非常專心地學習飛行的技巧與飛機的系統，因為他切身了解在安全降落的反面就是機毀人亡！為了避免那樣的厄運，唯有盡量充實自己，這樣即使再遇上飛機故障的狀況，自己也能像楊教官那樣化險為夷。

然而，飛行除了經驗與技術之外，空中的顧慮與警覺也是相當重要，有時更是要有著一定程度的運氣。那天將故障的T－28飄滑落地的楊開山教官在陳卿海由官校畢業一個月後，在另一次帶飛過程中與另一架教練機相撞，楊開山教官與另一架飛機的王玉衡教官及兩位學生沒有一位能逃過墜地隕命的厄運！

就在陳卿海還在為楊教官的犧牲感到悲痛的時候，他的同班同學金靖鏘少尉也在畢業三個月後的六月五日，於飛行訓練時失事殉職。

這一連串的惡耗對剛掛上「飛行胸章」的陳卿海來說，實在是難以接受。但是當時僅二十出頭的他卻也了解這是身為軍人的宿命，為了保衛國家，在訓練時因誤差所導致的犧牲是在所難免。

雖然絕大多數的軍人也都知道訓練時的犧牲隨時可能發生，但每次在面對這種犧牲時，總會讓人感到揪心之痛。

一九七七年的上半年，對空軍來說非常不安寧。三月初到五月底短短的三個月內竟有七架飛機墜毀，七位飛行員殉職。這種失事的頻率已經不能用人員錯誤或機件老舊來解釋，飛行員們私下將這種現象稱之為「機瘟」，認為那是空軍「沖」到了某些東西。因此他們除了在上飛機之前仔細檢查飛機之外，有些人竟開始燒香拜佛，寄望於超自然的力量能保佑他們每次飛行都能安全歸來。

陳卿海當時是四大隊二十一中隊的訓練官，因此每當有飛機失事或發生飛安情況時，由空軍總司令部所發出的「飛安通報」都是先送到他那裡，再由他貼到佈告欄讓全隊的飛行官閱讀。因此那年三天兩頭接到飛機失事的報告時，陳卿海確實感受到心中的那股沉重壓力。

六月二十九日晚上，陳卿海正在空勤軍官浴室洗澡時，與一同在那裡沖涼的劉翼天少校聊到最近一連串的失事事件時，劉翼天少校表示那七位殉職的飛行官中有三位是他同期同學，都已有六、七年的飛行經驗，實在不應該會在那些情況下失事。劉翼天少校最後說：「這個月已經到月底了，我們還好沒砸飛機。」陳卿海聽了後立刻學著老美在窗戶的木框上敲了兩下並說：「喂，喂，明天才月底，而且明天一大早我們還有八架飛機出空靶及地靶任務，千萬不要出意外！」

——

第二天是六月三十日，星期四，也是軍中固定的莒光日，所有軍中的官士兵都必須參加當天由政戰單位所舉辦的課程。因此二十一中隊的那八架空靶及地靶的任務都必須在早上七點半之前落地，這樣參加任務的飛行軍官才來得及參加莒光日的課程。

如果要在七點半之前落地，那麼起飛時間就必須在六點半之前，如此後推的話，二十三中隊的空地勤人員在早上天沒亮就必須開始他們繁忙的工作。

一九七七年的時候，四大隊所使用的F－100超級軍刀機已經到了該退休的時候。但是因為買不到新型的戰鬥機，而這型飛機的許多零組件也已經停產，所以只能繼續偏勞地勤的維修人員，用他們專業知識及一些創新的方法，將那些老舊的戰鬥機維持在可以繼續飛行的狀態。

正常情況下，訓練官都會在任務前一天就可以拿到任務機的機號。這樣訓練官就可以根據每架飛機的獨特性能，將馬力或反應較差的飛機分給長機及三號機，性能比較靈敏的飛機安排給僚機。這是空軍的傳統，為的是能讓僚機在學習戰技時不要被機件的狀況分心。但在當時飛機狀況普遍下降的時候，本來該在前一天就準備妥當的八架任務機及兩架預備機，維修部門一直到第二天凌晨四點半，才將它們準備妥當。所以當陳卿海在那天清晨拿到那十架妥善機的機號時，已沒有太多的時間去根據每架飛機的特性，將他們分配給當天的任務飛行員，只能按照順序將那些飛機分配下去。他想著雖然每架老飛機都有著一些獨特特性，但是大致來說總差不了太多，一次不仔細分配飛機該沒什麼問題。

當天的四架空靶任務是由金康柏少校領隊，地靶的四架飛機是由中隊長甯建中領隊，因為陳卿海本身也在地靶任務中擔任甯建中的三號機，所以他很清楚地記得地靶任務中的二號機是高中華中尉，四號機是吳國賢上尉。

由於地靶的水溪靶場就在機場西邊濱海的東石鄉，距機場不過區區十餘公里，所以那天地靶任務的四架飛機被安排在四架空靶飛機之後起飛。

八架飛機幾乎在同時啟動，頓時停機坪上爆起了一片震耳欲聾的噴射引擎聲。陳卿海登機後，趕緊將座艙罩關上，將那噪音隔絕在座艙之外。也就是那時耳機中傳來長機甯建中中校的聲音：「Lucky Flight, Radio Check.」陳卿海在聽到二號機報出：「Two, Radio OK.」後，隨即也按下油門手柄上的通話按鈕，同時說出：「Three, Radio OK.」，四號機很快的也報出無線電正常。

當天清晨六點剛過，八架超級軍刀機魚貫滑出停機坪，往36跑道滑去。那時東方才剛露出魚肚白的曙光，經過棚廠時陳卿海看見一群維修人員正在那裡圍著一架飛機忙碌著，他不知道那些人是剛上班還是整夜沒有回家，但他知道是那些人日以繼夜的辛勞付出，隊上的飛機才能繼續在藍天中捍衛我們的家園。

執行空靶訓練的四架飛機起飛之後，以甯建中中校為首、四架執行地靶訓練任務的飛機進入跑道。陳卿海的飛機就停在甯建中中校的後面，而四號機停在他的右後方。

甯建中中校那架飛機的尾管噴出一陣橘紅色的火光，隨即一股低頻的發動機吼聲透過座艙罩及頭盔，傳到陳卿海的耳裡。他知道長機及高中華中尉的兩架飛機已經開啟後燃器，開始起飛滾行。陳卿海在心中開始默默計算著時間，三秒鐘之後，他輕輕的點了一下頭，這是給四號機開始起飛滾行的訊號，陳卿海同時將油門推到後燃器階段並鬆開煞車，這架三萬磅重的飛機在J－57軸流式噴射引擎的巨大推力下開始前衝，四號機緊隨在右後方也開始了起飛滾行。

飛機加速的很快，幾秒鐘的時間就已達到一八〇浬的起飛速度。陳卿海輕輕的將駕駛桿帶回，F－100超級軍刀機隨即昂起機頭衝進微曦中的南台灣天空。他將起落架的手柄拉上，飛機在阻力減少後，空速錶的指針又向順時鐘方向爬了一格。每次看著眼界中逐漸縮小的大地，他總會不自覺地想到空軍軍歌中的那句「凌雲御風去」，就是對這種感覺的嚮往，讓他選擇了飛行作為他的職業，更藉著這種技能來報效國家。

看著正在左轉的長機，陳卿海帶著四號機向左轉去，並切入長機的內圈，沒多久將飛機飛到三號僚機的位置。就在那時水溪靶場已在飛機正前方出現，耳機中也傳來戰管將這一批飛機交給靶場指揮官的聲音。陳卿海覺得這一切雖然緊湊，但都是計劃之中，因此他預計在半個鐘頭之後就可以飛回去落地。

這是再正常不過的一天！

長機帶著四架飛機以梯隊隊形在靶場上空衝場通過，隨即向左脫離，二號機在三秒鐘後也向左脫離。陳卿海看著二號機脫離後，立刻在心中默念：「一秒鐘，兩秒鐘，三秒鐘。」然後將駕駛桿向左後方壓去，飛機左翼立刻下垂同時向左轉去，頓時他被那股突來的G力壓在座椅上。原本就不輕的頭盔在G力的影響下，壓在他的頭上，讓他感到相當不舒服。他抬頭外望，那時長機已經飛在靶場四邊，正要轉向五邊對著地靶接近，二號機也正在壓坡度轉入四邊，於是他低頭再確認自己的武器系統已經打開，開關定在機砲的位置。這是相當重要的一環，飛機以三百多浬（五百多公里）的速度對著地靶接近時，如果開關沒開或定在別的位置，那麼根本就沒有重設的時間，只能捧個鴨蛋回去，那實在不是件很光榮的事。

當天因為要趕著回去參加莒光日的課程，因此並沒有像平常一樣，打五個包括投彈及機砲射擊的派司，而只是三個派司，用機砲以小角度對地靶進行射擊。

依照F－100小角度地靶的規定，陳卿海將飛機保持在二千五百呎高度由四邊轉入五邊，然後他將駕駛桿向前推，使飛機進入一個十五度的俯衝，頓時飛機的時速由原來的三〇〇浬加速到三八五浬，他也趁著俯衝的短暫時間將瞄準鏡的光網對準靶標，隨即按下駕駛桿上的機砲扳機，機腹上那四挺二〇公厘機砲吐出一陣火舌。陳卿海在座艙裡都可以感覺到機砲發射時後座力所產生的輕微顫抖，靶標附近的土地翻起的泥土及靶標的抖動讓他知道已命中靶標。他很興奮地將飛機拉起，並轉入三邊，預備進入下一個派司。

正當陳卿海在第二個派司由四邊轉入五邊，他看到前面的二號機在射擊後開始爬高時，尾部嗆出兩團煙，他立刻知道那是二號機吃到跳彈了。這是個相當嚴重的問題，因為一旦彈頭被吸入發動機內，一定會引起發動機故障。如果處理不好，很可能會造成後果非常嚴重的失事[1]。

陳卿海立刻按下通話按鈕：「Lucky Two, Lucky Three，你吃到跳彈了，立刻回航，我跟著你。」

二號機高中華中尉那時也感覺到發動機吸入外物，聽到陳卿海的呼叫時，飛機已經爬到二千五百呎，於是他立刻將飛機向右對著機場方向轉去，同時按下通話按鈕，簡單的回答：「Roger, Lucky Two.」

陳卿海沒有推頭進行第二個派司的射擊，而是直接對著二號機追了過

1 作者註：飛機所發射的砲彈在打到地面後彈起，被自己飛機發動機由機頭的進氣口吸入。彈頭被吸入發動機內後，會造成發動機壓縮器葉片及渦輪葉片的損傷。

去。在這過程中他簡單地向長機報告了狀況，四號機自動繼續跟著長機執行任務。

追上二號機後，陳卿海先是將自己的飛機飛到二號機的機腹下，去看看飛機有沒有明顯的外傷。他並沒有看到任何異常的情況，於是用無線電告訴高中華中尉：「Two，你的情況如何？飛機外部一切正常。」

「Three，飛機馬力正逐漸消失。」

「Two，做好跳傘準備，不行就跳，現在盡量爬高，我跟著你飛。」陳卿海要他盡量爬高的用意是希望他在飛到機場時，最好能爬到高關鍵點的高度，這樣即使發動機在那時失效，他也可以飄滑進場落地。

高中華在座艙中再確認零秒掛勾已掛好，同時將肩帶鎖緊之後，按下通話按鈕並回覆：「Roger, Two.」

陳卿海緊跟在二號機的右後方，眼睛緊緊的盯著他看，嘴巴卻也沒閒著，他將當時的情況報告給嘉義塔台，要地面搶救部門做好準備。

由水溪靶場回嘉義機場只是幾分鐘的航程，但那天在陳卿海的感覺上卻像是永遠飛不到似的。為了要跟著高中華那架受傷的飛機，他已將飛機的機頭盡量抬高來減低空速，然而二號機卻還是開始落後，飛在自己飛機的後下方。

「Two，高度、速度？」陳卿海看著越飛越低，越飛越慢的二號機，急急的在無線電中問高中華。

「八〇〇、一七〇。」高中華的聲音也透露出他焦急的心情。

陳卿海聽了之後，沒有多想立刻大喊一聲：「跳！」因為他知道那個高度及速度不但回不了機場，就連繼續飛行都很危險了。飛機雖然貴重，但飛行員的生命卻是無價！

幾乎就在陳卿海喊出的那一刻，已經準備妥當的高中華中尉啟動彈射跳傘程序，很快的就由故障的飛機中彈出。飛機繼續向前飛墜，當時正飛在北港附近，下面有一片農舍。陳卿海看著那架墜落中的飛機，突然渾身的神經都緊繃了起來，因為他可以看見在那飛機下墜的曲線末端就是個四合院，在這清晨時分，四合院內一定有許多人還在裡面睡覺。即使有人已經起床，他們也不會知道一架重達近三萬磅的失控飛機正對著他們墜去。陳卿海焦急地坐在座艙裡看著這即將發生的慘劇，卻是束手無策，僅能在心中祈求上蒼護佑。然而就在飛機要撞入四合院前，真似乎有神助般的一股風由右側吹來，飛機的右翼隨之揚起，然後整架飛機向左傾側，砸在四合院後面的田裡，奇蹟似的沒有起火燃燒。

陳卿海鬆了一口大氣，雖然砸掉了一架價值不菲的戰鬥機，但是至少沒有造成地面任何傷亡，他覺得這真是不幸中的大幸。他將飛機拉高，並在原地開始迴轉，因為下一步就是尋找跳傘出來的高中華中尉。

陳卿海的飛機轉了一圈之後，在不遠處的一處田地上看到一大塊像傘布的東西。於是他對著那處田地俯衝過去，結果在通過的那短暫霎那，他看到了站在降落傘邊正在向他揮手的高中華中尉。他將駕駛桿左右搖了兩下，機翼隨即左右搖了搖，這是給高中華中尉的訊號，表示自己看到他了。

陳卿海用無線電通知塔台，二號機已經在北港附近墜毀，飛行員跳傘落在附近，請派直升機將他救回基地。在他往回飛的時候，他看到一架ＨＨ－１Ｈ直升機已經凌空往北港方向飛去。

那天陳卿海落地滑回停機坪之後，看到劉翼天少校站在那裡等他，想知道發生了什麼事情。陳卿海跨出駕駛艙爬下扶梯後，對著劉翼天說的第一句話就是：「你這個烏鴉嘴！」然後兩個人都笑了，因為他們的戰友能平安的跳傘逃生，這真是在最糟的情況下最好的結局了。

——

然而，那個流傳中的「機瘟」並沒有在這次失事案件後停止。三個多星期後的七月二十三日，同個基地二十二中隊的另一架F－100在執行同樣的對地炸射訓練任務時，因飛機發動機故障熄火，飛行員范思緯少校就沒有那麼幸運……

那天是范思緯少校帶著一架僚機前往水溪靶場執行對地炸射訓練。兩架飛機剛起飛，僚機座艙未鎖緊的警告燈閃起，范思緯少校於是伴隨著僚機返場。當他看著僚機安全落地之後，他將飛機拉起，預備再飛一個航線後再落地。

就在范思緯少校的飛機拉起左轉進入航線三邊時，發動機突然熄火。通常航線三邊的高度僅有一千五百呎左右，這幾乎是最低的安全跳傘高度，本該立刻棄機跳傘，但是他卻在座艙內將當時飛機的儀錶指示一一報出，希望日後在失事調查時，能給調查人員一些線索，找出飛機熄火的原因，從而避免同樣的事件再度發生。然而就在他報出這些數據的同時，飛機的高度正以驚人的速度在流失。當他終於啟動彈射跳傘的程序時，時機已經太晚！他雖然安全的彈離座機，但降落傘未及完全開啟就墜地，一位空中鬥士就這樣為國犧牲。

陳卿海在完成了他對國家的義務後，卸下盔甲離開軍中，轉業民航。在飛遍了三大洲兩大洋後，帶著兩萬多小時的飛行紀錄由藍天中退下，開始自由的退休生活。回顧這一生在白雲中穿梭的日子時，他想的不是待遇豐厚的民航生涯，而是那段穿著橘紅色征裝在海峽上空保衛國家的日子。當然在那段回憶中有著許多無法忘懷的身影，絕大多數的國人都不知道那些故人曾為國家做了些什麼，但是陳卿海不會忘記與那些曾與他共同巡弋長空的人，因此在每年的四月八日，楊開山教官的忌日，他都會到碧潭空軍公墓去祭拜楊教官，感謝救命之恩，也同時去探望那些在藍天中折翼的戰友們。

他們都曾捍衛過這塊土地！

山中歷險——潘斗台山區跳傘

一九八八年三月二十三日，台灣北部宜蘭上空有一架TF-104星式戰鬥機正在碎雲中快速飛行。那架飛機的前座是空軍十二偵照隊中校分隊長潘斗台，坐在後座儀器蓋罩下的是隊員李德安上尉。當天的任務是儀器飛行訓練，因此雖然潘斗台中校坐在前座，但是坐在後座蓋罩下面，完全看不到外界的李德安上尉，才是根據儀錶顯示在操縱飛機的人。

當飛機由北往南剛通過宜蘭不久，發動機突然在發出一聲巨響後，停止了運轉，瞬間整個座艙中安靜得可怕。潘斗台立刻將視線掃向儀錶板，發現發動機轉速及尾溫正急速下降，發電機、滑油系統及液壓系統的警告燈也因發動機熄火而相繼亮起。看到這一連串的警告，他感到頭皮一陣麻，因為自己已經碰上了每個F－104飛行員的最大夢魘——發動機熄火。

當時飛機的高度是兩萬五千呎，潘斗台通知後座的李德安，他接過飛機的操縱權，然後按照緊急程序將油門關斷，拉出衝壓渦輪，再將駕駛桿向前推去，讓飛機進入淺角度俯衝來保持二六〇浬的空速，同時按照緊急程序重新啟動發動機。

做完這幾個緊急動作，飛機的狀況仍未改變，發動機轉速持續下降。潘斗台此時知道發動機已完全失效，無法重新啟動。他看著正快速地向反時鐘方向旋轉的高度錶指針，感覺心也在胸腔中急速下墜。當時飛機距桃園基地僅有三十浬，如果他是飛著之前所飛的F－100，那麼他有把握將飛機飄回去落地。但如今他是在一架像火箭般的TF－104裡，這型飛機的飄降率比磚頭好不到哪裡。他知道如果不趕快跳傘的話，那麼在幾分鐘內就會跟著飛機砸在宜蘭山區裡！於是他通知戰管及桃園基地自己即將跳傘。

潘斗台通知後座的李德安做好跳傘準備，隨即將彈射跳傘設到「Both」。當飛機的高度降到一萬二千呎時，他伸手將頭頂的跳傘拉環拉下，啟動彈射程序。

一聲震耳欲聾的爆炸聲在耳邊響起，座艙罩隨著爆炸聲飛脫。一陣強風立刻吹在潘斗台臉上，雖然隔著護目鏡，他仍可以感受到那股強風的力道。而就在此時，潘斗台突然發現他自有記憶以來，所有生活點滴像是幻燈片似的在他眼前飛快閃過。在他還沒了解是怎麼一回事時，又是一聲巨響夾著一陣強烈鞭砲的火藥味衝進他的鼻腔，他知道這是後座的李德安彈射出去的聲音。

潘斗台中校與 RF-104。4365 號機是改裝成偵照型的始安機之一。（潘斗台提供）

兩秒鐘之後，座椅背後的火箭也隨即點燃，他就在瞬間巨大的G力下暈眩了過去。

幾秒鐘後，潘斗台恢復了知覺。感覺整個人在空中翻轉滾動，他正想去拉降落傘的D型環時，一陣強烈的拉扯力量將他由自由落體般的下墜情況中拉住。他抬頭向上望去，只見一朵橘、白色相間的降落傘已在他頭頂上展開。他鬆了口氣，知道自己暫時已無生命危險。

掛在降落傘下冉冉下降時，潘斗台環視四周，李德安的降落傘在他的後上方約一哩處。他對著後者揮了揮手，李德安也揮手回覆了他，看來他也一切安全無恙，這讓潘斗台放心不少。

空中的風勢相當猛，潘斗台覺得頭上涼颼颼的，這才發現頭盔已不知去向。他低頭向下望去，想知道自己距地面還有多少距離，卻失望的發現腳下是一大片厚雲。他雙手不停地扯動著降落傘的拉環，想增加降落傘下降的速度，但似乎沒有多大效用。

當天起飛時，桃園基地的溫度是十八度。潘斗台在著裝時，曾想過要不要將身上穿著的這件無袖飛行背心脫去，還好當時決定穿著它上飛機，要不然只靠著一件薄薄的飛行衣在這種陰冷的山區大概撐不了多久。

潘斗台看了一下手錶，時間是上午十一點五十六分。距他跳離飛機才不過僅僅兩分鐘，他心裡想著戰管這時該已經通知在新竹擔任警戒待命的直升機了吧。不過他知道直升機由接到命令到出發大概需要十多分鐘，由新竹飛到這裡也需要半個鐘頭左右，這樣算來直升機最快也要四十幾分鐘之後才能趕到。然而看著下面的雲層，他的心又涼了一半。這種天候下，即使直升機到了也不可能找到在雲層下面的他。

進雲之後，藉著雲中不同規則雲朵的對比，他發覺下降的速度並不慢。耳邊嘶嘶的風聲，也感覺到他正以可觀的速度對著下面的山區下降。而因為無法看到下面山區的景觀，不知道下面將是樹林、山谷、河流或是平原，讓他心中感到相當不安。

幾分鐘之後，潘斗台發現腳下的雲霧開始散開，一片樹林的影像若隱若現。在他還沒仔細看清楚之際，就衝出了雲底，直接墜入那片樹林。霎那間他的身體就在那千百年來從未見過人煙的樹木中下墜，他併攏了雙腿，似乎想在那叢林中刺出一條生路似的。

突然間，在與樹枝及樹葉摩擦中下墜的潘斗台被一股強大的力量拉住，原來是降落傘的傘衣被樹幹勾住了。他歇了口氣後，開始仔細檢視周遭，發現自己距離地面不遠，而且四周都是粗壯的樹幹，他該可以藉著那些樹幹爬下樹去。

看清楚情況後，潘斗台解開傘帶，抓住樹幹，慢慢爬下樹來。這時他又想到還好在飛行時有戴手套的習慣，這副飛行手套在此時真是派上了大用場，要不然徒手去抓那些樹幹，真不知會有什麼後果。

下到地面之後，潘斗台開始大聲呼叫李德安，覺得他也該落在附近，但是除了自己的回音外，他沒有聽到任何其他聲音。

野外求生訓練課程中的許多重點這時開始在潘斗台的腦海中浮現。第一個讓他想到的就是教官曾說過，降落傘的傘衣是非常有用的工具，可以防雨、避寒及鋪在地面當成明顯的目標，讓搜救直升機容易發現。於是他又爬上剛才那棵大樹，想將傘衣取下。但是被樹幹勾住的傘衣不論如何用力扯動，都無法拉下，他失望地放棄了這個念頭。

再度回到地面後，他由求生包中取出PRC－90無線電，用G頻道開始呼叫，但是完全沒有任何回應。想著也許是因為他的位置太低，收訊不良的關係。因此決定順著山坡往上爬，說不定到了較高的地點，就會有不同的結果。

在這原始森林中爬山，實在不是一件簡單的事。地面溼滑，再加上藤枝、雜草交絆，雖不至於「寸步難行」，卻也相差不遠。為了緩和情緒，潘斗台不斷地大聲說話。當累得喘不過氣來時，他會自嘲的說：「平時不運動，現在當然吃力。」衣服被藤枝勾住時，他會說：「不要留我，我要回家！」

是的，他要回家！他的妻兒一定都在等著他歸去！

走著走著，潘斗台突然聽到流水的聲音。他興奮地順著聲音方向去找，很快就讓他看見一條小溪。他想著如果順著這小溪走，一定可以到匯流處，繼續往下走就一定會到有人煙的地方。於是興奮的順著那條小溪往下流走。

但沒走多久，他的希望就破滅了。因為小溪末端竟是一個斷崖，根本無法下去繼續順著溪流走。懊喪之餘，他只有再循原路往回走。

又不知道走了多久，潘斗台突然發現已經到了山頂，但是視野卻沒有展開，因為這裡仍是古木參天，所看到的除了大樹之外，還是大樹，數不清的大樹。

就在失望的時候，突然聽到了如天籟般的直升機螺旋槳的「噗，噗」聲。他趕緊拿起無線電，就在打開的那一瞬間，他就聽到了有人在無線電中呼叫他的名字。他激動得幾乎落淚，趕緊按下話鈕，開始回話。但對方卻像是完全沒聽到他的聲音似的，只是持續在呼叫。那架直升機在他頂端盤旋了一會兒，在聽不到他的回音後，就掉頭離開了，四周很快又恢復了原有的寂靜。

當潘斗台難過地低下頭去時，卻發現他腳下的草有明顯被踏過的痕跡，而且這足跡似乎是一條不很明顯的小徑。這個發現再度點燃了他心中的希望，認為如果順著這條小徑前進，那麼就一定會走到有人的地方！結果走沒有多遠，那個「小徑」竟然又被一大片藤蘿擋住，完全沒有穿過去的可能。潘斗台的內心在這一連串挫折的打擊下，真是欲哭無淚。他那已接近虛脫的軀體頹然地坐倒在地上。

坐在一棵大樹下，潘斗台由求生包中拿出幾顆水果糖放進嘴裡，補充身體所需的糖分。這時早已過了平時午餐的時間，他根本不敢去想什麼時候才能再吃到一頓熱騰騰的餐點。看著四周的山林與樹木，他想起了之前在十一大隊時的夥伴——張燕輝上尉。他在一次任務中擦撞白狗大山，當時他被撞擊的力量震出座艙，僥倖地逃過了第一劫，可是卻身受重傷，失去視力。雖可用無線電與前去搜尋的直升機及隊上派出的T－33聯絡，卻無法目視搜救的直升機，引導他們飛到他的所在位置。而由地面前去的搜救隊在到達失事地點時，張燕輝的無線電的電池已用罄，無法再聯絡，因此搜救隊是無功而返。一直到第二年，張燕輝托夢給一位友人，說出他大體的大約位置。隊上再度派人上山去尋找，才在一個樹洞裡找到已經化為白骨的他。潘斗台想到這裡時，不禁想像當時張燕輝在山中是否曾像自己般的失望？但當這個念頭閃過他的腦海時，潘斗台立刻站了起來，他的狀況比張燕輝要好太多了，他沒有受傷，也行動自如，他一定要活著走出去！

下午兩點半左右，直升機又回到他的上空，直升機組員仍然不斷地在無線電中呼叫著他的名字，但不論他怎麼嘗試，直升機的組員都聽不到他所說的話。最後直升機的組員說了一句：「保持位置」後就飛走了。這時潘斗台知道直升機今天是不會再來了，因為除了他頂上的雲未消去之外，天也開始下雨，這種情況下即使直升機再回來也無任何用處。

溫度越來越低，雨也越下越大。潘斗台將求生背心拉出來，用傘刀將它切成兩半，一半戴在頭上擋雨，另一半放在胸前避寒。雖然直升機組員要他「保持位置」，但潘斗台想著如果他開始下山，到低一點的地方，溫度該不會這麼冷，同時也有可能早一些碰到搜救隊伍。於是他開始往山下走去。

因為山中的叢林中沒有任何路徑，潘斗台只能找到任何可以通過的空間往「下」方走去。他曾由倒下的樹幹上爬過去，也曾由兩塊巨石中的隙縫鑽過。為了能及早到達低一點的地方，他真是拼了命似的在找路往下走。

也許是走得太急，也可能是沒注意，一個沒留神就讓他摔了一跤，並順勢滑下了山谷。他本能的伸出雙手想抓住身旁的一根樹枝，沒想到抓住的竟是一棵腐朽的枯木，不但沒能擋住他的下滑，還讓他連根拔起，隨人一同往下滑去。他正想著在劫難逃，不知要摔到多深的山谷下時，突然間他覺得撞上了什麼東西，一陣劇痛隨即由鼠蹊部傳來。原來他撞上了一棵由山壁上橫著長出來的樹，而他竟是以坐姿撞上那棵樹幹。

天色已暗，看不清楚下面的山谷到底有多深，但由東西掉下去後所傳回的聲音判斷，這個山谷還真是很深，他知道如果沒有被這棵樹擋住的話，他不摔死也要摔成殘廢。已經很累的他坐在樹幹上實在不願意再動，想乾脆就在這樹幹上過夜算了。但是繼而想到萬一睡著之後，重心不穩摔下去可不是玩的。

於是他在那樹幹上休息了一會兒後，就手腳並用的慢慢地順著樹幹爬回山壁。結果爬到山壁時發現那裡僅有一呎左右的平面空間，他站上去後幾乎無法轉身，而附近又沒有可以抓手的地方，因此他也無法坐下去，只能在那裡站著。

在經過一整天的動盪之後，最後他竟沒有一個可以坐下來歇息的地方！潘斗台站在那裡思前想後，張燕輝上尉的悲慘結局再度在他腦海中浮現，他過得了這一關嗎？搜救隊在這山區的原始森林中找得到他嗎？他在渾身濕透，冷得全身發抖時，不禁會想到遠在新竹空軍基地職務官舍中的妻兒，他們這時知道自己棄機跳傘的消息了嗎？他實在不敢去想像他們在聽到這個消息後的反應。

他又想到今天會落到這樣下場的起因，竟是一件英挺的空軍幼校制服！

那是一九六八年，潘斗台剛由鳳山中學畢業，正準備考高中聯考時，一位家中世交的長子，也是他從小的玩伴，由台南到鳳山他們家來玩。那位玩伴當時是空軍幼校一年級的學生，所穿著那身筆挺帥氣的制服立刻引起了潘斗台的興趣，他抓著對方問了許多有關空軍幼校的事。幾乎從那一刻開始，他就知道那是他此生該走的路。但這個決定卻在家裡遇到了相當大的阻力，因為他的父親是陸軍出身，覺得如果要進入軍旅的話，到陸軍官校承傳黃埔精神該是當然的選擇。潘斗台花了許多功夫企圖說服父親，似乎沒有什麼用，最後還是在母親的介入與支持下，才贏得了父親的首肯。在屏東黃鶯俱樂部體檢時，他輕易地通過了一般人認為最困難的視力測驗。但萬萬沒想到他卻因為當時已經困擾了他一年多的頭癬，而被醫官打了回票。他苦苦地向醫官哀求，並表示在兩個月之後入校時，他一定能將這惱人的頭癬根除。其實他當時根本不知道該如何去處理這對他來說已是「宿疾」的頭癬，他只是想能過一關是一關，先通過身體檢查，才可以拿到筆試的資格。等到筆試通過之後，他再去想法子處理這「頑癬」的問題。那位醫官最後終於表示，可以讓他通過體檢，但如果在入校時，那個頭癬還沒治好的話，就絕對不會讓他入學。

潘斗台順利通過入學筆試，然後經由一位父執輩介紹他去台南陸軍八〇四醫院，找那裡的皮膚科醫師去檢查一下。醫官看了之後，表示那時剛好有一種西德的藥，可以治這種頑癬。只是那藥的價錢不菲，對當時他父親軍人的薪餉來說，是一筆不小的開支。但母親卻覺得這是一筆該花的錢，於是真狠下心去買「特效藥」。而像是此生真該吃這行飯似的，那個困擾了他快兩年的頑癬，竟然真的在幼校開學之前痊癒，讓他順利穿上了那身帥氣的制服。

三年幼校，四年官校，潘斗台在從軍學飛的路途上並不是一帆風順，但總是設法克服所有的困難，終於讓他在一九七六年九月由空軍官校畢業，掛上了飛行胸章，達成了七年前所設下的宏願。

潘斗台在完成了部訓隊的訓練後，分發到十一大隊，開始駕著F－100戰鬥機執行捍衛國土的任務。F－100是第一種可以在平飛狀況下超音速的戰鬥機，美軍在越戰期間曾廣泛地使用這種飛機。但當潘斗台開始接觸這型飛機時，F-100已經不復當年光彩，故障頻繁，而補充零附件又不容易取得，經常在單一任務中，四架飛機竟有兩架發生故障的狀態。

一九八四年，F-100的機況已經到了幾乎每次任務都會發生故障的狀況。在六月與七月間竟每個月都各有一位飛行員棄機跳傘，這種情況下，聯隊長唐飛將軍在八月十五日那天召集四十八中隊所有飛行員[1]，向大家宣佈總部正在積極計劃讓四十八中隊換裝F-104。但同時大家務必要非常小心，任何故障，無論多輕微，一定要盡快落地，千萬不要心存僥倖。那天就在聯隊長對大家說完話後，潘斗台率領四架飛機起飛執行訓練任務。沒想到四架飛機剛離地，四號機的起落架就發生故障，無法收上，於是潘斗台就讓三號機姚其義教官伴隨四號機返場落地。而此時二號機也發現潘斗台的飛機正在漏油，那時F-100飛行中漏油在飛行員們看來已不是什麼大問題，但在聯隊長剛強調過任何狀況發生都要盡快返場之後，潘斗台就帶著二號機調轉機頭往回飛去。就在這時，姚其義教官在目視四號機落地後，拉起機頭正轉向三邊時，發動機熄火。那時他的高度及速度都不允許飛機飄滑進場，於是立刻啟動彈射跳傘。這架飛機的墜毀成為汰除F－100的最後一根稻草！空軍在次日將所有F－100停飛。而潘斗台在那天落地時，是繼陳燊齡將軍在二十六年前成為中華民國第一位駕F－100起飛的飛行員之後，成為中華民國空軍最後一位駕F－100落地的飛行員。

想到這裡時，潘斗台不禁暗嘆命運之弄人。他在毛病百出的F－100部隊飛行多年沒有遇過重大狀況，換到F－104機種後，竟然讓他棄機跳傘並被困在山中，找不到任何出路！

雨還在繼續下著，又餓又渴的潘斗台將蓋在頭上的半截救生背心取下，收取了一些雨水喝了下去，救生背包裡的水果糖已經被吃得只剩下幾顆，但仍然無法抑住那飢餓的感覺。他想著脫險之後一定要好好吃它一頓，然而，腦海中仍然有著那萬一的想法，萬一搜救隊找不到他……

1 作者註：四十八中隊當時是全空軍唯一使用F－100的中隊。

他想起當天上班之前送女兒到幼稚園時的情景，那會是最後一面嗎？他很後悔身上沒有帶著紙筆，要不然可以寫下一些話給他的妻子，想告訴她很高興在自己的人生旅途中，有她作伴，也很抱歉在往後的日子裡，無法繼續陪伴她，希望她能帶著一對兒女堅強的活下去。

想到家人時，他也想到了住在南部的雙親。真不敢去想兩老在知道他飛行失事後，會有什麼樣的反應。自己無法經常回去陪伴兩老，已經讓他不時的感到內疚。如果這次真的無法躲過這個劫難，那麼他真是太不孝了。

他也想著當時的台北市區，不管有沒有下雨，總有一大群人在應酬，在打拼。他們會擔心明天的股市，會擔心自己的工作是否安穩，但絕對不會有人擔心明天會不會有空襲警報！身為軍人他很自豪地知道自己盡到了一個軍人的責任，確保了領空的安全，但也很懊惱他一直都是飛著老舊的戰機，而這也是他會陷在山區的主要原因。

說到飛機的老舊，他又在想自己那架飛機不知摔到哪裡了？萬一傷到地面的任何人，他真不知該如何去面對那些人或是他們的家屬。而同機的李德安也不知落到哪裡，跳傘時在空中看到他似乎離自己不遠，但落地後怎麼就找不到他了呢？希望他不要有任何狀況。

陣陣冷風吹來，讓已經渾身濕透的潘斗台不斷在打哆嗦。自己所站的那個地方是那麼的窄小，沒有任何空間可以讓他伸展手腳，做一些運動。他突然想到，萬一這山中有任何動物、野獸向他接近時，該是怎麼辦？他除了傘刀與信號槍之外，沒有任何東西可供自衛之用。

突然間，一聲長哨劃破了夜空的寂靜。潘斗台一開始以為是幻覺，等到連續幾聲哨音先後傳來後，他知道那是搜救隊所傳來的聲音了！他趕緊也拿起他的哨子開始吹，並也扯高了嗓音高聲叫道：「喂！喂！我在這裡！」對方也及時回覆了他。此時興奮、喜悅的心情衝擊著全身，他忘卻了先前的飢餓與寒冷，高聲地與搜救隊對話著。

潘斗台興奮的心情沒有持續太久，因為過了一陣子他就聽不到搜救人員的聲音，無論他多大聲呼叫，都沒有任何回音。他開始懷疑之前所聽到的聲音及對話是否是他在極度勞累下所產生的幻覺？這時寒冷及飢餓的感覺再度侵襲著他……

一個多鐘頭之後，潘斗台突然再度聽到有人在呼叫他的名字，而且聲音似乎就在附近。他趕緊大聲的回答，並拿出求生包裡面的閃光器，讓他的位置更為明顯。很快的就有兩個人在他的上方出現，原來就在他上方不到一公尺的地方就是一片平地。

那兩人小心翼翼的伸手將潘斗台拉了上去，經過了先前十餘小時山區歷險，見到這些搜救人員後，雖然還在深山裡，但他卻有重回文明世界的感覺。在大家詢問他情況如何的同時，他也問起大家找到他的後座李德安上尉了嗎？飛機砸在哪裡？他們告訴他，李德安上尉在下午四點多就自己走出山區，飛機是砸在無人的地方。聽到這兩個消息後，他心中感到非常欣慰，雖然摔了一架飛機，但至少兩個人都先後獲救，真可謂不幸中的大幸。

搜救人員問潘斗台需不需要擔架？他急忙說不用，因為想著自己雖然很累，但如果要用擔架抬的話，那會給他們造成太多的不便。於是他就在搜救人員的護送下慢慢摸索著下山。在下山的過程中，他告訴搜救人員自己在山區中曾看過有一條小徑，上面的草明顯有被踏過的痕跡。搜救人員聽了臉色大變，因為那是被山豬踏過的痕跡。當地山豬很多，如果他碰上山豬的話，就真的很麻煩了。

潘斗台及李德安兩人在脫險後，經過短暫的休息，又重回部隊執行捍衛國家的飛行任務。只是很不幸的，李德安在「大難不死」後，並沒有後福。他在四年之後的一九九二年六月一日，於清泉崗基地北邊失事殉職。

在談到三十多年前的那次山中歷險記時，潘斗台表示台灣多山而且四周都是海洋，飛機一旦出事，跳傘後有很大的機會是落在海上或山區。他算是非常幸運在一天之內就被尋獲脫險。但還有許多人，包括他的同學鄧奇傑就始終沒被找到，這是飛行員們的宿命，在保衛國家的過程中他們始終擔負著比一般人要多的風險。

潘斗台一直在軍中服務到一九九六年，幾年之後他的兒子潘震，承傳了他的衣缽，也掛上了飛行胸章，而且他兒子終於飛到了全新的F－16戰鬥機！

潘家父子在領空中捍衛國家超過三十年！

晴空雷擊——李文玉中央山脈遭雷擊

二〇〇四年六月十六日，清泉崗空軍基地空軍測評戰研中心的作戰室裡，有一批人正在進行任務提示。這個單位並不是一個作戰單位，但是它所負責的業務卻是與保衛台灣息息相關，當天的任務即是天劍二型空對空飛彈的測試。

天劍二型飛彈是中山科學研究院（簡稱中科院）自行研發的雷達導引空對空飛彈，在研發過程中許多數據都需要經過試射而取得。然而飛彈與靶機的造價昂貴，靶機被擊落後，還要海軍陸戰隊的蛙人前往撈起，再送回中科院，讓研發人員根據靶機上的電子儀器去檢查被擊中的方位與狀況。同時將電子儀器所記錄的資料下載，這一整套的實彈測試實在花費不菲。

為了節省公帑，有些數據就不用靶機及飛彈在實射中去取得，而是讓一架戰鬥機攜帶靶標掛艙（Target Pod），另一架戰鬥機則在空中對著那架攜帶靶標掛艙的飛機發射模擬飛彈的電波，這樣在回航後就可以根據靶標掛艙裡電子接收器所錄到的訊號，去取得所需要的數據。

這天測評戰研中心所要進行的，就是這樣的一個模擬測試。所參與的人員是：一號機（單座）楊湘台中校，二號機（雙座）許朝銘中校（前座）及李慶然少校（後座），三號機（單座）董中興中校，四號機（單座）李文玉中校。李文玉中校是因為在前幾次的劍二飛彈測試中，曾在近兩馬赫的接近率下成功擊落高G逃逸的靶機，因此被指定參與這次測試。除了這五位飛行員之外，參與任務提示的還有多位中科院的科學家，他們雖不用升空直接參與飛彈測試，但他們卻相當認真地參與任務提示中的每個細節，並隨時提供飛行員們所需要的資訊。因此，與其說是個任務提示，這還更像個科學研討會。

任務提示完畢後，因為已近午時，所有人員先前往餐廳午餐。在用餐時，大家還在繼續討論一些有關細節，每個人都相當認真的面對這次測試。

五位飛行員在餐後前往個裝室著裝，待穿掛整齊後，各自拿著頭盔包走出作戰室，搭上小巴前往停機坪。那天清泉崗基地的天候如常，溫度與溼度均高，讓人非常不舒服，坐在靠窗位置的李文玉救生背心下的飛行衣已經被汗沁濕，他看著遠處中央山脈上空的一大片碎雲，想著當天應該不會下雨了，這種悶熱的感覺將會持續到當晚。這種要流不流的汗實在是讓人難以忍受，他想著

李文玉中校與 IDF 經國號戰鬥機。（李文玉提供）

等一下返場落地做完歸詢後，要好好到體育館去跟其他教官廝殺幾場羽球，那種流汗才是真正的暢快淋漓。

到了停機坪，下車之後，李文玉在對自己的那架ＩＤＦ戰鬥機進行起飛前的三六〇度檢查時，看到襟副翼後緣上的那一小條擾流器，心中不禁想起了當初為了測試這型飛機而殉職的伍克振教官，因為那一小條擾流器就是伍教官以他的生命所換得的結果。

一九九一年七月十二日，伍克振教官在測試ＩＤＦ原型機低空高速性能時，飛機右水平安定面在高速的氣流及穿音速時的顫震下折斷脫落，飛機隨即失控墜海，伍教官在最後時刻方才啟動彈射跳傘，但因跳傘時高度太低及彈射時飛機速度太大，伍教官竟以身殉。

事後在探討飛機失事原因時，航發中心（漢翔公司前身）的科學家及工程師們發現了導致尾水平安定面顫震的原因。為了防止同樣的現象再度發生，工程師們在飛機的襟副翼後緣上裝了一條擾流器，將通過機翼上的氣流在翼後緣處打亂，如此被打亂的氣流就不會引起尾水平安定面的顫震現象。

經由伍教官的犧牲，讓ＩＤＦ的一個潛在問題得以解決。其實這就是試飛員的宿命，為了在航空領域裡突破那最後的未知，有時是會付上生命的代價。而身為測評戰研中心的一員，李文玉想到如今自己也肩負著類似的責任，他即將駕著ＩＤＦ起飛，去測試一個新型飛彈，為的就是日後這型飛彈能嚇阻敵人的侵襲，讓國人更加安全。

檢查完座機後，李文玉跨進座艙，按照程序將兩具ＴＦＥ－１０４２發動機先後啟動，儀錶板上的液晶顯示器將飛機上各個部門的狀況，清楚且明顯地呈現在他的眼前。此時清涼的乾冷空氣已由通風口衝出，將座艙的內溫度瞬間降低不少。李文玉細心查看著每個儀錶，要確認所有的系統都運轉正常。

檢查完畢後，李文玉由耳機中聽到一、二號機先後報出啟動正常的消息，李文玉正要報出自己的飛機也沒有任何問題時，卻聽到三號機董中興少校報出他的飛機發生故障，無法正常啟動。頓時無線電中開始了多方的對話，討論該如何處理這個狀況。因為這不是作戰任務，並沒有安排預備機組，所以諸方所討論的是測試任務在少了一架靶機之後，是否仍可繼續進行。最後，測評戰研中心主任決定，測試任務照常進行，只是由原本的雙機雙靶，改成雙機單靶，李文玉所飛的這架靶機將先後接受一、二號兩架飛機的模擬攻擊，用飛機上所攜帶的靶標掛艙將兩架攻擊機的攻擊資訊記錄下來。

三架飛機依序進入跑道，李文玉將自己的飛機停在一、二號機的後面。當前面那兩架飛機的尾管噴出火焰，開始起飛滾行，他隨即將煞車踏緊並在心中開始讀秒，五秒鐘後他亦將兩具發動的油門推桿推到後燃器的階段，同時鬆開煞車，頓時覺得似乎有人在他背後狠踹了一下似的，飛機開始在跑道上快速衝刺前進。

飛機離地後，李文玉看著面前約三浬外的一、二機正在右轉，於是他輕輕地將駕駛桿向右壓去，飛機切入前面兩架飛機的內圈，編成**追蹤**隊形（Tie On）。整個編隊在戰管的引導下往九鵬測試空域方向飛去。

那天戰管沒有按照正常的航路，而是引導他們由中央山脈上空直接飛往九鵬，這是任務提示時就決定好的，為的是希望能在路上省一些油量，如此就可以在測試時多飛幾個回合。

飛在中央山脈上空，李文玉幾分鐘之前在地面所看到的那些碎雲，如今正以一堆堆的棉花球似的，不斷撞擊著他的飛機。正常情況下除非有絕對的必要，飛行員是不願去鑽雲，但那天因為那些都是一朵朵錯落的積雨雲，所以三架飛機都沒有刻意去迴避，而是快速的飛在其中。

平時在晴朗的天氣下飛行時，沒有對比的事物，很難感受到飛機的速度。但這天在這些破碎的雲塊中飛行時，看著被機翼劈砍著的朵朵白雲，不但可以感受到飛機的速度，更讓人有騰雲駕霧的感覺。李文玉將左手很

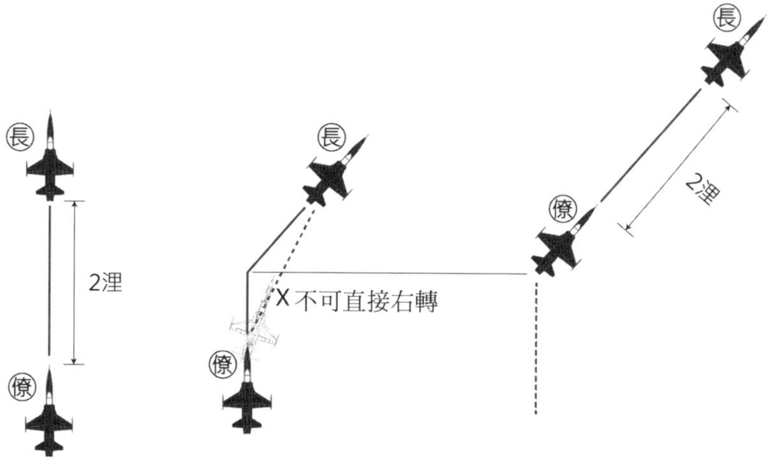

追蹤隊形　兩架飛機編隊飛行時，僚機用雷達將長機鎖住，並保持一定距離間隔飛行。（林書豪 繪）

悠閒的靠在座艙罩的邊緣上，右手輕輕地握住操縱桿讓飛機以〇．八五馬赫的空速向南飛去。

看著翼下綿延不斷的山峰，不禁讓李文玉想起幾年前自己在假想敵中隊訓練學官時，就經常以高速飛在這些山脈的山溝中。那時的高度比樹梢高不了多少，雙眼緊盯著前面的地形，眼睛眨都不敢眨一下，視覺主宰著手腳的動作，讓飛機緊貼著地面飛往目標，而通過這個課目的標準，就是必須在指定的時間抵達目標。早到或晚到即使是一分鐘，都會被視為不及格。這種嚴格的訓練就是希望日後如有需要，飛行員們能以超低空的技巧躲避敵軍的雷達，進而攻襲敵人。

這種嚴格的訓練有時也會有失誤的時候，李文玉永遠不會忘記一九八九年一月二十六日那天，吳天柱上尉與劉茂安上尉兩人，在離開作戰室時笑著對他揮手的情景。他倆隨後駕著一架雙座F－5F起飛，實施「戰術專精訓練班」的最後一課考核，他們將以超低空方式掠海飛行後，再鑽進花東縱谷、翻越關山、下到茬濃溪谷，一路摸進佳冬靶場，最後再以戰術拉升（pop up）方式對目標區實施攻擊。但那天他們在預定時間並未飛到佳冬靶場投彈，台東關山附近的一個山峰擋住了他們的去路，兩位年輕的飛行員為了日後能具備在危急的情況下保衛家國的技能，而在那荒山野嶺中成了烈士[1]。

兩位學長的殉職更讓李文玉了解到飛行是一個容不下任何失誤的行業！

飛機通過玉山後不久，李文玉發現碎雲漸漸變成一簇簇的雲堆。飛機此時已在雲中飛行，由抬頭顯示器（HUD）中他看到二號機在他前面約五哩處，九鵬測試區域在八十哩外，大約還要十分鐘左右可以抵達。他開始將接下來要做的測試程序在腦中默唸一遍。

就在這時，突然一陣閃電就在飛機正上方炸開，隨之而來的就是震耳欲聾的雷聲。李文玉被巨大的雷聲懾服，眼睛瞬間被閃電的強烈亮光灼得短暫「視盲」，左手也由座艙罩邊緣被雷聲震開。等到他眼睛恢復視力後，首先進入眼簾的竟是儀錶板上所有的液晶顯示器已全部變黑。他大吃一驚，再仔細看了一下，才發現包括抬頭顯示器在內的所有電子儀錶及液晶顯示已全部

1 編註：失事戰機直至一九九三年五月二十三日，高雄救難協會在搜救山難時，於南橫天池山區意外發現機號5390的F-5F殘骸，始解開失事的始末。

失效！

很顯然，飛機在雷擊後，瞬間高壓電流在機身亂竄的結果，導致電子儀器失效。這時李文玉想到IDF是用電傳操控系統（Fly-By-Wire）來操縱飛機，飛機被雷擊後，這個系統是否仍然正常？想到這裡，他急著想試試自己是否仍能控制飛機。

開始測試飛操系統之前，他必須知道飛機的姿態。當時飛機在雲中，無法由外界景觀來判斷飛機狀態，於是他習慣性地往前面的抬頭顯示器看去，因為對二代機的飛行員來說，抬頭顯示器提供了飛機所有狀態資訊。但就在那一霎那，他想起了那個系統已經失靈，眼前那片透明的玻璃板，上面什麼資訊都沒有。於是他的視線隨即往下看去，那具機械陀螺的狀態儀顯示飛機並沒有因為雷擊而改變姿態。

知道飛機姿態並未改變後，李文玉輕輕的將駕駛桿左右動了一下，飛機隨即也輕輕的左右擺動了起來，證明飛操系統仍然運作正常，這讓他放心不少。

「Shadow Lead, Shadow three lightning strike, returning to base（Shadow

領隊，三號機被雷擊，返回本場）[2]。」李文玉向長機報出被雷擊中的事實，同時宣佈他的意向。

他的這些舉動完全是在剛學飛行時就牢牢記住的「飛機故障處置三原則：一、保持飛機操作，二、分析情況且採取適當措施，並宣告意圖，三、儘速落地。」

長機及戰管同時聽到了李文玉的報告，無線電頻道上頓時充滿了詢問的聲音，大家都想知道這架裝載著精密電子測試吊艙的飛機被雷擊後有沒有任何明顯的故障。

李文玉將飛機電子儀器失靈的消息報出，並解釋飛機操縱正常，可以飛返清泉崗基地。

飛機這時已經出雲，李文玉看著四周的白雲依然悠悠，但他知道在那看似安逸的雲簇裡面所隱藏的駭人能量。

戰管在了解他的意圖後，提供了一個直接返回清泉崗基地的航向，李文

2 作者註：Shadow 是當天編隊的呼號。

玉於是向右壓桿將飛機轉向戰管所給的航向，這時他發現長機楊湘台中校的飛機已經飛到他的右後方。

「Shadow three, Shadow lead，穩住，我來檢查一下你的飛機有沒有受到損害。」楊湘台中校在無線電中通知他。

李文玉將飛機擺正，讓長機飛近自己，然後由右方到下方，再到左方，仔細地將飛機看了一遍。

「Shadow three, Shadow lead, BD (battle damage) check normal.」（Shadow三，Shadow領隊，戰損評估，一切正常。）

聽了長機的通知後，李文玉就更放心了。但即使飛機沒有任何外傷，機內的電子儀器卻是「曾經」受傷，因此他還是必須盡快落地，讓維修的專業人士仔細檢查一番。

就在此時，李文玉發現那些失靈的電子儀器一個一個地逐漸復活。當他再度在抬頭顯示器上看到即時的飛行資訊時，他真是要給當初設計出這套系統的科學家及工程師們一個大大的讚，這套抬頭顯示器給了飛行員們太多的方便性！

飛機通過彰化後，李文玉呼叫清泉崗塔台，將自己飛機狀況報出，並表明要做長五邊直接進場。

當清泉崗基地的36跑道在眼前出現時，所有的儀錶及液晶顯示均已完全恢復正常，李文玉如常地做了一個很漂亮的落地。

事後在檢查飛機時，維修單位發現座艙罩中間，由那條隔框支架正上方的一顆鉚釘，一直到座艙罩金屬後緣部分有一條燒痕。座艙罩的玻璃是絕緣體，照理是不可能導電，但當時是在雲中飛行，因此非常可能是雲中的濕氣在座艙罩上所聚成的水珠，將那顆鉚釘與金屬後緣部分連成一條導電通路，導致雲中的靜電由那裡觸發！

在李文玉二十餘年的空軍生涯中，這是他唯一在飛行中被雷擊中的經驗，而那架IDF在遭遇雷擊後的表現，尤其是那些電子儀器都能在短時間內先後重啟，讓他對這型飛機產生了更大的信心。他也很慶幸能有機會參與劍二飛彈的空中測試，由類似這種測試架次的點滴經驗累積，中華民國成為亞洲第一個擁有自製的視距外飛彈（BVR, Beyond Visual Range）的國家。而在後續不斷的研改及測試下，成功發展出更多衍生型號，進一步強化了空軍的打擊能力。

異國揚威——林君儒擊敗美軍捍衛戰士教官

我想會看這本書的讀者，都會知道《捍衛戰士》（Top Gun）這部電影，也都知道在真實世界裡，這是美國海軍戰鬥機戰術教官班（United States Navy Strike Fighter Tactics Instructor program）的俗稱，是專門替美國海軍訓練精英飛行員的學校。但大概沒多少人知道這個學校在舉行畢業典禮之前，會邀請海、空軍的一些單位派出飛行員，前去與那些即將結業的精英飛官在空中較量一下，頗有「華山論劍」的味道。

二〇一三年五月，美國空軍位於亞利桑那州路克空軍基地（Luke AFB）的第五十六戰鬥機大隊，收到了美國海軍戰鬥機戰術教官班的邀請函，希望能派出幾位飛行員前去法倫海軍航空站（Fallon Naval Air Station，海軍戰鬥機武器學校所在地），與應屆的結業生舉行一對一模擬空戰友誼賽。

五十六戰鬥機大隊大隊長看著那份邀請函，決定讓所屬的二十一中隊派出幾位中華民國在美受訓的飛行員前往接受挑戰，他對這些中華民國空軍軍官的技術很有信心。

二十一中隊的美籍隊長接到大隊長的命令後，選出美軍教官Shrek擔任領隊，率領林君儒中校及另外兩位中華民國的飛行軍官參加。

比賽的日期是五月十七日，二十一中隊的四位選手是在前一天的下午由路克基地出發。在啟程前的任務提示中，Shrek非常輕鬆地對大家說，不要太緊張，就像平時在隊上練習時一樣就可以了，他們到那裡是「去找樂子的」（Let's have some fun there.）。聽到領隊這樣的說法，頓時讓林君儒感到兩國軍中文化之間的不同。通常在國內，長官一定是對參加的選手說要努力爭取名次，要替所代表的部隊爭光等等，絕不會像Shrek這樣讓大家不要對比賽太在意。

法倫海軍航空站位於內華達州的北面，由路克基地飛往那裡僅需約六十分鐘的航程。他們四架飛機下午兩點多時由路克基地起飛，以**防禦隊形**（Offset Box）飛往法倫海軍航空站。

離開路克基地不久，這四架飛機就由大峽谷附近通過。由三萬多呎的空中看著翼下的大峽谷，不禁使林君儒回想起在不久之前，他曾帶著一架僚機在那裡鑽山溝的往事。

當時他飛在狹窄的山谷裡，雙眼緊瞪著前方，但那些彎曲綿延的山溝使視線根本無法放遠，緊抓著駕駛桿的右手不停地隨眼前的景象而轉動著，飛機在他的操縱下以五百浬左右的空速在山溝中鑽來鑽去，身體不停地承受著那隨飛機翻轉而產生的G力。山溝的寬度大約只有三、四千

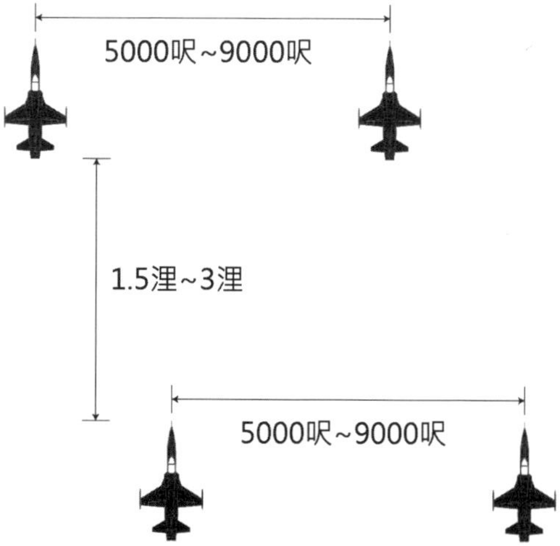

防禦隊形　由四機編隊所編成的防禦隊形距離設定。（林書豪 繪）

呎左右，F－16雙翼的翼尖距離兩側山壁不到兩千呎。在那山溝中他隨時都要根據地形而急轉彎，如果轉彎時帶桿力量不足的話，雷達高度表就會發出警告聲，表示機腹與山壁之間的距離已不足五〇〇呎。反之如果帶桿用力過度，則頭頂上方的山壁就會如泰山壓頂般地向他壓過來。這時心中緊張的程度都早已爆錶，記得有一度當地形的變化讓他來不及反應，只能向上暫時飛出那個山溝來避免撞上山壁。當飛機衝出山溝的霎那，四周景觀立刻改變，原先的山溝就像一道彎曲的裂縫，在一望無際的黃色巨岩之間向

林君儒中校全家於路克基地與 F-16 合影。座艙邊緣上可見 Lt. Col "Boots" Lin，Boots 就是林君儒中校的呼號。（林君儒提供）

遠處綿延，而那裂縫左右兩旁的巨岩頂端就像刀削豆腐一般平整，這種大自然的鬼斧神工實在令人嘆為觀止。

飛出山溝後的景觀雖然壯觀，但由演習的觀點來看，卻也代表自己的行蹤已暴露，因此在喘了一口氣後，他必須找一個較平直的山谷，帶著僚機重新鑽下去，再度連續的左轉右轉、帶桿鬆桿，讓飛機在大峽谷的山溝間隱匿快速前進，一刻不得喘息。

那次大峽谷的鑽山溝飛行是讓林君儒永遠銘記在心的一次飛行。

回憶至此時，耳機中傳來航管要他們左轉的聲音。林君儒看了一下航圖，知道那是要他們避開神秘的五十一區（Area51）上空。那個區域在航圖上很清楚的註明是「禁區」，這是因為有許多極機密的武器就在那裡測試。

下午兩點，那四架飛機在Shrek的率領下，飛抵法倫海軍航空站。法倫海軍航空站那天非常忙碌，不斷有飛機在起落。他們這四架飛機落地後，滑進停機坪時，林君儒發現除了海軍的F/A－18之外，還有許多空軍F－16及F－15，想來這些飛機都是應邀前來參加Top Gun擂台大賽。在這些飛機中，他竟然發現還有幾架老舊的F－5也停在那裡。

各路的英雄好漢當天晚餐後，聚在法倫海軍航空站的飛行酒吧裡，喧嘩的聲音絕對蓋過噴射發動機的響聲。雖然之前在電影裡也看過Top Gun的飛行員們在餐廳裡唱歌及逗笑的場面，但真正處在這種環境裡又是另一番感受。那晚林君儒親身體會到了美國戰鬥機飛行員輕鬆、活潑與放肆的一面，當時他就被那種熱情的氣氛所感動。他一度想要拿出手機拍照留念，但礙於「No phone in the bar」（酒吧內不得有手機）的規矩而作罷。

第二天早餐後的第一件事就是任務提示，林君儒及另外兩位中華民國空軍的飛行員很早就進入那間臨時被指定為提示地點的禮堂，非常嚴肅的等待著這個如同真正作戰的提示。然而，沒想到海軍戰鬥機戰術教官班又安排了如笑劇般的場景，由扮演不同軍種飛行員的人士在舞台上大談飛行中的趣事，最後的高潮是一位將飛行衣內塞滿了布料，扮成癡肥臃腫的無人機操控員，在舞台上不斷調侃戰機飛行員的情節，惹得全體參與提示的飛行員們哄堂大笑。

在這些搞笑的情節之後，一位海軍軍官走上了舞台，林君儒正以為要做真正的提示時，結果那位軍官只花了一分多鐘的時間，向大家說明這次空中對決是以一回合決勝負，所以務必將它視為真正的作戰，再來就是返航時將由獲勝的一方領隊回航。那位軍官說完之後，就開始點名分發作戰命令。在場的每一個人都收到一個寫著自己呼號的信封，及一份有關這次擂台大賽的規則及法倫基地的地圖與進／離場程序的小冊子。

林君儒打開那個信封時，發現裡面的作戰命令仍然是以非常詼諧的口吻寫出的。只有在最後才簡單的註明，在這場模擬空戰中他必須在當天中午十二點半，到ＥＷ空域南邊Ｓ點的一萬七千呎空層待命盤旋，他的對手[1]是由北面以一萬九千呎高度進入ＥＷ空域的Ｎ點。雙方在無線電中取得聯繫後，即開始模擬空戰。他那張作戰命令上並未說明對手是飛哪一型的戰機，

1　作者註：因為參賽飛行員多於 Top Gun 飛行員，所以也安排了前來參賽的飛行員互相競賽，因此對手不見得全是 Top Gun 的飛行員及Ｆ／Ａ－18戰機。

Camel fucker,

Blow me.

So you want to go out and do a little bumpin', eh? Well, nothing would please us more than to go out, toy with your inept abilities, and obliterate your obsolete machinery like the F-14 Tomcat.

We accept your challenge, which is not a challenge, to meet your "kabob eating, hookah smoking, goat spoo gobbling" representative in a one versus one engagement, to show you the hopelessness of your folly. Rest in peace, in your man dresses, with the thought that our intrepid young aviators are looking forward to taking a big steamy dump on your grave and sending your meager fascist regime by way of the buffalo.

Today, in fact, it does end.

Truth, justice, and the American Way!

With pleasure,

Barry
Commander-in-chief

YOUR **TOPGUN CALLSIGN** IS 66

YOUR **CALLSIGN** IS GOON 07 / TCN 64X.

YOU WILL BE FIGHTING GOON 01.

YOUR BATTLE WILL TAKE PLACE IN EW @ 1230 ON 280.3.

YOUR **CAP STATION** IS WAYPOINT #8 @ 17 K'.

YOUR OPPONENT'S CAP STATION IS WAYPOINT #7 @ 19K'.

THE MERGE/BATTLE SHOULD TAKE PLACE AT WAYPOINT #9 @ 18K'.

YOUR **LOADOUT** IS: 1XAIM-9P AND GUNS.

YOU HAVE 0 / 2 CHAFF/FLARE(S)--WHICH YOU **WILL** NEED.

林君儒中校在與 Top Gun 所舉行的擂台賽前所收到的作戰命令，上半部是以非常詼諧的口吻寫的，下半部（大寫）才是模擬空戰的簡單資訊。（林君儒提供）

所以他無從事先預想好該用何種戰術去應付那個神秘的「敵機」，只知道自己所配備的武器是一枚AIM－9P響尾蛇飛彈及機砲。

發完作戰命令後，任務前的提示就算完成。林君儒只能根據那張作戰命令上的簡短資訊來做準備。但作戰命令裡只提供了空中戰鬥開始的時間與地點，沒有任何其它航行資料。所以他必須依照進入EW空域的S點與基地之間的距離，及作戰開始時間反推計算出起飛時間，再根據滑行路線及距離計算滑出時間。而在這同時，還有其他空域的戰機也會先後起飛，所以還要加上這些因素來算出排隊起飛的時間。林君儒在算完之後，發現當時他只剩下不到半個鐘頭就要上飛機出發了。於是他趕緊打電話給塔台預約起飛時間，然後匆匆趕到停機坪去準備起飛事宜。

雖然領隊Shrek在出發前就已經告訴大家，不要太緊張，將這次的對抗像平時在隊上訓練時一樣就可。但林君儒心中還是有些忐忑，因為這與他之前所面對的情況完全不同。以往在隊上或是在台灣，空中對抗時不但起飛前就知道「敵機」是什麼機種，自己起飛的時間也都事先就已指定。而這一次的命令就只有必須在何時抵達空域，這其中有太多的變數，任何一個環節出錯，他都可能鎩羽而歸，那不但是自己的挫敗，更會讓自己的中隊，甚至國家蒙羞。瞬間林君儒感到自己所肩負的責任實在是相當重大。

抵達停機坪後，林君儒在一位美籍機工長的陪同下，對他那架F－16做了起飛前的三六〇度檢查後，隨即登機。因為這裡對他來說是一個完全陌生的基地，所以他很仔細的看著基地的地圖，將飛機滑出停機坪，向著跑道方向滑去。

這天基地非常繁忙，滑在他前面的就是一架海軍的F／A－18。他突然想到：對手會不會就是前面的這架F／A－18？他笑了笑，隨即將這念頭拋諸腦後，在這個時候誰是他的對手並不重要，如何在空中將對方擊敗才是最重要的！他的心中此時已經平靜，Shrek說的沒錯，就將這當成在隊上的一次練習吧，他該對自己的技術有信心才是。之前所有的演練成果，將要在這時派上用場，即使在這次的對抗中失敗，他也要將這次失敗的經驗變成教訓，讓日後自己的技術更臻成熟。

林君儒於起飛後在戰管的引導下向東南方的EW空域飛去，那裡是一片山區，高度大約是四千呎左右。小冊子上規定在纏鬥時的「最低高度」（Hard

Deck）是距離地面五千呎[2]，因此林君儒將飛機上高度錶的警告點設在九千呎。

林君儒在抵達ＥＷ空域之前，他按照進入戰區執行作戰任務時的清單（Fence In Check List）[3]，將飛機的幾個重要開關設置到正確的位置。在當天的模擬空戰中最重要的就是將武器電門放在「模擬」位置。

很快的，飛機抵達ＥＷ空域的Ｓ點，林君儒將無線電的頻道轉到當天模擬空戰的頻道，並在無線電中宣佈他已抵達Ｓ點。幾乎是同時他聽到對手也宣佈抵達Ｎ點，當對手聽到他也抵達Ｓ點，隨即叫出：「Fight's ON。」（開打。）

林君儒聽到開戰的訊號後，立刻將飛機向北飛去尋找對手。很快他就在雷達螢幕上看到了一個小光點正快速地對著自己的方向飛來。由那個光點的

---

2 作者註：Hard Deck是交戰時絕對不可低過的高度。

3 作者註：Fence In Check List，是根據以下五點檢查項目的第一個字母，所合成的簡寫FENCE。F：Firepower（武器），E：Emitters（電子訊號發射器），N：Navigation（導航），C：Chaff／Flare（箔條／照明彈），E：Electronic Countermeasures（電子對抗）。

高度及方向，判斷那就是他的對手，於是調整機頭的方向對著那個光點飛去。這時他刻意不去將那個光點用雷達鎖住，一旦對方的飛機被雷達鎖住，對方的儀錶板上就會發出一個警告，這樣對方就會很容易找到自己。

林君儒在十一點鐘方位看到了一個小黑點，他知道那就是對手了。在相對速度高達一千多浬的高速下，兩架飛機於幾秒鐘後就對頭通過。正當兩機交會的那短暫霎那，他看清楚了對手真是一架F／A－18大黃蜂式戰鬥機。知道了對手的機型之後，他快速地在記憶中找出了那型飛機的性能，F／A－18雖有雙發動機強大推力的優勢，但也因為多了一具發動機及航電裝備較多，導致體積過大而增加了不少重量，這使它與輕盈的F－16相比，無形中吃了一些虧。林君儒心中立刻有了應付這型飛機的腹案。

林君儒在與對手對頭通過後，立刻將飛機向左做了一個大G轉彎，並將後燃器點燃，同時帶桿讓飛機爬升，想讓飛機鑽升到「敵機」的六點鐘上方。這一連串的動作瞬間就讓G力飆到九個G。他全身用力不斷地做著抗G動作，強忍著在那大G力下所引起的不適。當取得高度優勢後，他將飛機翻轉成倒飛姿態，並帶桿將仰角減少來保持空速，同時由高處對著「敵機」飛去。

F/A-18在對頭通過後，也開始左轉，但他只是平轉。對方很了解在這種情況下，大黃蜂式的爬升率及轉彎率都比不上F-16。如果他也跟著林君儒鑽升轉彎，會使自己喪失許多空速。因此他只能用較平淺的仰角向左轉，這個動作看在位於較高位置的林君儒來說，就像是平飛轉彎一樣。

F/A-18即使是以淺平仰角在向左做大G轉彎，空速也掉了不少。於是對方推頭向下，想用高度換成速度，來彌補在急轉彎時所喪失的空速，但這又失去了高度的位能。

林君儒將機頭推下，讓自己的高度優勢轉成速度。向「敵機」的六點鐘方位接近，這時對手發現自己已由等勢轉變成劣勢。當看見林君儒的飛機即將轉到自己的尾部時，他知道F-16馬上要開火了。於是他由向左轉反轉成右轉並急速減速，企圖讓林君儒衝到他的前面。但林君儒立刻看出他的狡計，隨即將機頭輕輕帶起，由俯衝的態勢改成平飛，並以稍微向上的姿態保持在對手的後方。而此時減速後的F/A-18不但變得更慢，高度也已接近「Hard Deck」，這種狀況下已沒有讓他繼續往下加速的空間，亦無法再做任何迴避的動作了。於是對手點燃後燃器試圖增加能量，但這時林君儒已進入第二次攻擊，他很輕鬆的跟上「敵機」，F/A-18整架飛機完全暴露在他的座艙罩前面，這時用機砲攻擊更容易得手，於是他將武器選擇放到機砲位置，再按下駕駛桿上的扳機，抬頭顯示器上顯示著虛擬砲彈的著彈點就在「敵機」的機背，幾秒鐘之後，大黃蜂式被「擊落」了！

「Kill! Nose 2K, F-18![4]」林君儒興奮的在無線電中大叫著，他沒有丟國家的臉！

此時仍飛在F/A-18後面的林君儒，在做完「Fence Out Check」之後。加上油門預備飛到那架F/A-18前面領隊的位置。因為在早上任務提示時那位海軍軍官曾宣佈一個回合就決勝負，兩架飛機在編隊返場時該由贏家領隊。然而那架F/A-18的Top Gun教官在這時卻用無線電與他聯絡：「Goon 7, Goon 1，你要領隊回去？[5]」

林君儒聽了之後，心中頗為納悶，難道他不知道這次擂台比賽的規則？林君儒正要回覆時，突然想到出發前他根本沒多少時間能夠仔細研讀當地的進場程序規定。所以只看了出航的航路，還來不及看返航的航路。這時他是可以邊飛邊翻航圖，領隊帶大黃蜂返航。但就怕遺漏了某些程序而造成違規，這樣徒給那位 Top Gun 教官挖苦自己的機會。不如做個順水人情，讓他領隊回去，反正在檢查戰果時，裁判是會知道真正的獲勝者是誰。

「Goon 1，Goon 7，你想要領隊回去？」林君儒反問他。

「Goon 7，可以嗎？」

「Goon 1，如果你想的話，就讓你領隊吧。」

Top Gun 教官非常興奮地飛到林君儒的前面，兩架飛機以基本編隊飛返法倫海軍航空站。在衝場解散時，那位 Top Gun 教官還特別做了在航空母艦的目視進場模式，衝場後以四〇〇哩的速度解散（相形之下，F－16的解散速度僅為三〇〇浬），這讓林君儒印象非常深刻。

當林君儒落地後，回到作戰室時剛好聽到喇叭中正播報「GOON XX（當天的臨時呼號）準備進場。」原來是另一批飛機返場，Top Gun 的教

4 作者註：「Kill! Nose 2K」，表示「擊落！機頭正前方兩千呎處。」

5 作者註：當天模擬空戰中，林君儒的臨時呼號是 Goon 7，對手的呼號是 Goon 1。

官與學員們很快衝到窗邊向外看，看看這個編隊是不是F/A-18在前面。林君儒這才意會到這個競賽的輸贏對那些Top Gun成員來說竟是那麼重要。頓時他覺得讓那位Top Gun領隊回來，一來避免自己可能發生的違規或出糗，再來也替那位對手在他們同伴面前保住顏面，實在是做了一件好事。

那天傍晚Top Gun成員在隊上舉辦小型酒會，招待前來參與競賽的各路英雄。林君儒也在那裡與當天的對

模擬空戰結束後，被擊敗的那架F/A-18，於領隊返回法倫基地時為林君儒中校所攝。（林君儒提供）

手相認，對方原來是Top Gun中一位專門負責訓練學員的少校教官，用俗話來說，他就是「教官的教官」。那位教官之前完全不知道中華民國有一個中隊在美受訓。但在那天之後，他不但知道了二十一中隊，更是親身領教了這群由中華民國來的空軍飛行軍官的技術。

事後林君儒中校對這種一對一的模擬空戰也留下了相當深刻的印象，尤其是沒有經過提示，只發下一紙簡單的作戰命令，就讓飛行員前往某個地點與一架不知道機型的飛機進行纏鬥，這其中所有的細節都讓飛行員去自由發揮。他覺得這樣才像是真正的作戰，也才能顯示出飛行員的潛在能力。

《捍衛戰士》這部電影固然是以娛樂與商業盈利為主，但看在曾真正與那些飛行員在藍天中較量過的林君儒教官眼裡，那部電影更顯示出了一個強大軍種的特殊文化！

飛行線上

十二位空軍飛官的驚險故事

作者：王立楨
主編：區肇威（查理）
封面設計：倪旻鋒
照片提供：于洪荒、王迺斌、李文玉、李崇善、李鉅滔、周立昌、林君儒、殷長明、張甲、張光熙、許家寅、陳卿海、黃晞晟、潘斗台（筆畫順序）
繪圖：林書豪
內頁排版：宸遠彩藝

社長：郭重興
發行人：曾大福
出版發行：燎原出版／遠足文化事業股份有限公司
地址：新北市新店區民權路 108-2 號 9 樓
電話：02-22181417
傳真：02-86671065
客服專線：0800-221029
信箱：sparkspub@gmail.com

讀者服務

法律顧問：華洋法律事務所／蘇文生律師
印刷：博客斯彩藝有限公司

出版：2023 年 3 月／初版一刷
2024 年 3 月／初版五刷
電子書 2023 年 4 月／初版
定價：380 元

ISBN 9786269720309（平裝）
9786269720323（EPUB）
9786269720316（PDF）

國家圖書館出版品預行編目 (CIP) 資料

飛行線上：十二位空軍飛官的驚險故事 / 王立楨著 .
-- 初版 . -- 新北市：遠足文化事業股份有限公司
燎原出版 , 2023.03
224 面 ; 14.8×21 公分
ISBN 978-626-97203-0-9(平裝)

1. 空軍　2. 傳記　3. 中華民國

598.8　112002780